The
World
Beneath

The Life and Times of Unknown
Sea Creatures and Coral Reefs

海面下的
秘密生命

〔英〕理查德·史密斯◎著　陈　骁◎译　叶沛沅　刘靖宇◎审订

北京科学技术出版社

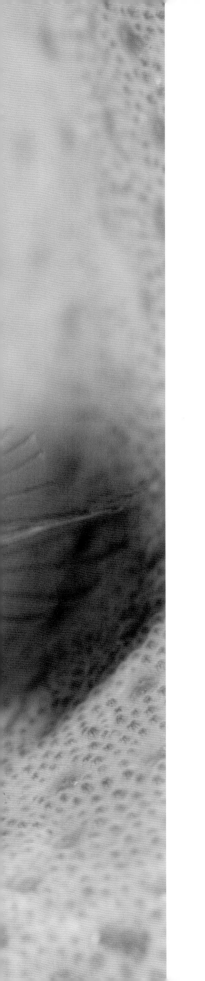

谨以此书献给我的爸爸。

一对求爱的彭氏海马（*Hippocampus pontohi*），2008年获得物种描述。摄于印度尼西亚苏拉威西岛，瓦卡托比

目　录

第一章
潜水

　　暮色渐深，在印度尼西亚一座偏远的珊瑚礁中、海面以下14米的地方，一只小海马用尾巴勒死了另一只海马。这种海马只有2厘米长，其长度大约相当于一角硬币的直径。它们完美地隐藏在汽车挡风玻璃大小的扇形珊瑚中，和周围的环境融为一体。它们很喜欢上演这种"宫斗"戏码。

　　为了完成我的博士论文，我花了6个月的时间观察和记录这些神秘小鱼的奇异行为，收集关于它们的生物学特征和保护情况的信息——这也是对它们的社会行为和繁殖行为的首次观察记录。虽然橘色海马（*Hippocampus denise*）直到2003年才被科学界发现，但就像珊瑚礁上每天都会发生的其他行为一样，它们之间的小冲突大概已经存在了数千年，只是我们没有看到罢了。

　　我们大多数人都听说过珊瑚礁，并在自然纪录片中看到过它们。但除非我们足够幸运，能够亲眼见识这种令人惊叹的生态系统，否则我们很难意识到它的复杂性。这和在热带雨林里探险完全不同。在热带雨林里，你会在潮湿的环境和压抑的气氛中汗流浃背，等待着发现一只动物——或许是一只在远处鸣叫的鸟，或许是一只在你脚边发出尖锐哀鸣的昆虫。而如果你非常幸运，也有足够的耐心，那么可能有更大的东西从灌木丛中向你冲来。但是，在一

对页：红色海绵和潜水员。摄于印度尼西亚苏拉威西岛，瓦卡托比

座健康的珊瑚礁上，你可以在任何地方看见动物以及动物的活动，例如几十条忙于觅食的鱼。

在印度尼西亚的珊瑚礁上待上一小时，你有可能看到100多种色彩斑斓、形态各异的鱼，甚至是200多种。它们扮演着不同的角色，比如一丝不苟的清洁工、古怪的情侣和坚强的父母。紧张的珍珠丽鮗（*Calloplesiops altivelis*）把它的尾巴从洞里伸出来，试图让你相信它是一条危险的海鳗。在离你的潜水面镜几厘米的地方，一条小而自信的雀鲷警告你不要离它珍贵的海藻"菜地"太近。你可能不知道所有这些鱼的名称，但你依然被它们迷住了——你沉迷于它们每天的喧嚣和忙碌。

珊瑚礁一直给人们带来惊喜和快乐。我的工作让我走遍世界各地，见识了23个国家的珊瑚礁。我见过比一分钱硬币还小的鱼，也见过比两辆连在一起的公交车还长的鱼；我见过生机勃勃、熙熙攘攘的珊瑚花园，它绵延生长至视线的尽头。我还拍到了一种从未被人类拍摄过的活珊瑚虫的照片。

我曾在印度尼西亚的海边与一条盘踞在红树林根系中的瘰鳞蛇（*Acrochordus granulatus*）对视，也曾在日本拍摄未知动物和它的行为，还曾在新西兰长满海藻的岩石表面花了几小时时间寻找海马的一种不知名亲戚。我写这本书的目的是与大家分享我对珊瑚礁以及生活于此的形形色色的生物的热爱和好奇，同时为那些未能亲身体验这个奇妙世界的人打开波涛下的一扇窗。

长期以来，珊瑚礁一直吸引着人类。查尔斯·达尔文思索过这种丰富多彩的生态系统是如何在几乎没有营养物质的清澈热带水域中蓬勃发展的。现如今，我们常常在新闻中听到它们的消息，而且大多数消息是关于珊瑚白化所造成的破坏性损失的，我们为此哀叹不已。当珊瑚虫受到环境变化的压力，比如海水温度过高，它们就会排出细胞内的共生藻类，珊瑚的颜色便从五颜六色变成惨白。最终，珊瑚就像白色的幽灵一样。在过去的20年里，珊瑚白化已经造成了数百万珊瑚的死亡。孩子们可以通过热门动画电影《海底总动员》来了解珊瑚礁。在我看来，这部电影最大的贡献就是让孩子们了解了珊瑚礁，尽管电影并没有展现小丑鱼（眼斑双锯鱼，*Amphiprion ocellaris*）最迷人的一些生物学特性。因为如果电影是写实的，那么在尼莫的母亲过早去世后，尼莫的父亲会变成一条雌性小丑鱼，而另一条雄性小丑鱼会取代它，扮演父亲的角色。

珊瑚礁是一个生物乐园，充满了奇妙的生物和令人惊奇的故事。在我的教子乔伊生日那天，我在印度尼西亚的西巴布亚岛拍摄了一幅巨大的珊瑚礁的照片，并把照片挂在了他卧室的墙上。当我还是个孩子的时候，我曾在英国的乡村里度过了一段美妙的时光，那时的我曾经花了好几个小时仔细研究朋友家墙上的一张世界地图，这对我的世界观的形成产生了深远的影响。而现在，我希望我能启发乔伊，就像我受到启发时那样，让他意识到自然界的神奇。这个世界上有太多的孩子在成长过程中没有真正与大自然进行心贴心的交流，没有认识到真正的自然之美，而这对他们来说非常重要。

对那些有幸在珊瑚礁所在海域潜水或浮潜的人来说，第一次

上图：海洋中最大的鱼——鲸鲨（*Rhincodon typus*）——正在和一群鲭鱼一起进食。摄于菲律宾宿务岛

第4~5页：拉贾安帕珊瑚礁。摄于印度尼西亚西巴布亚岛，拉贾安帕

经历必然让人难以忘怀。让我们想象一下欧洲探险家第一次发现珊瑚礁时的情景吧。当早期的自然历史学家和生物学家开始探索珊瑚礁时，他们可能为加勒比海、红海和印度洋–太平洋海域的珊瑚礁与他们熟知的温带大西洋和地中海生态系统之间的巨大差异感到震惊。当然，探险家一开始之所以被珊瑚礁吸引，是因为珊瑚礁能够摧毁他们的船只，而不是因为它们的美。尽管我们现在拥有的技术远超那个年代的技术，但对我们来说，未知的水域仍然暗藏着无穷的危险。几年前，我在巴布亚岛一个偏僻的角落里乘船时就险些遭遇一场灾难。当时，水下的珊瑚礁近在咫尺，我从船舷往外看时甚至可以清楚地看到珊瑚礁上的小雀鲷。

尽管我的家乡是英格兰内陆的一个小镇，但我和海洋也产生了密切的联系，因此我完全能体会那些早期探险家的惊叹。我和海洋的联系开始于我父亲带我在英国南部海岸的潮池（我们称之为岩石池）周围翻找海产的时候。在那里，我曾花好几个小时在海藻间寻找海葵、滨螺、帽贝，以及奇怪的寄居蟹或小虾。东南亚的热带潮池里的生物往往没那么丰富，因为它们必须忍受烈日下的极端高温。你如果在海面之下探索，很快就能清楚地发现珊瑚礁所在的热带海洋和温带海洋的区别。到目前为止，在印度尼西亚拉贾安帕的珊瑚礁上，已经发现和记录的珊瑚礁鱼类达1800多种，而在不列颠群岛周围海域一共才发现了300种鱼类。而且每座珊瑚礁各有不同。虽然许多大西洋鱼类分布极其广泛，但几乎印度尼西亚的每个岛屿都有其独特的生物群体。

在探索珊瑚礁的历史中，我们正处于一个变革期。仿佛在一瞬间，潜水让我们第一次近距离了解了珊瑚礁。不只是科学家，科学爱好者也为我们了解这个世界做出了巨大的贡献。任何对此有热情的健康成年人都可以在一周内获得潜水证书，而且只要有少许经验，就可以潜到水下30米，并在那里待上一小时。随着休闲潜水培训行业的出现，我们成为第一批能够自由探索水下世界的人——我是第一批探索珊瑚礁的潜水员之一。我们潜入水下并对珊瑚三角区进行物种分类。珊瑚三角区位于东南亚，拥有世界上最丰富的珊瑚礁，并且这些珊瑚礁之前从未被探索过。如今，我们可以宣称，除了外太空，深海也是人类可以前去探索的"无人之境"。将视野扩展到海洋的未知角落后，我们发现了大量新物种。

你可能认为，科学家已经记录了地球上几乎所有的物种，特别是海洋中的那些生物，但事实并非如此。从我开始潜水起的23年里，鱼类鉴定手册比以前厚了一倍，因为人们在要寻找什么目标和在哪里寻找目标等方面不断突破界限。我们对新物种的发现和记录还远远没有结束。最近，我正在对一种日本的海马进行科学描述。它们几乎就藏在人类的眼皮底下，距离世界上人口最稠密的大都市东京不远。而且，我知道至少还有另一种未知的海马在等待人们发现。不只海马，任何一类海洋动物都是如此。由于分类学家太少，至今仍有大量物种在海洋中默默无闻地生活着，未被人类正式命名或研究。

珊瑚礁的复杂性往往体现在丰富的层次和精巧的结构上。虽然我们倾向于关注对珊瑚礁有重要作用的著名珊瑚和鱼类，但它们只占海洋生物的一小部分。我们对那些我们认为无聊、无关紧要或丑陋的东西（比如蠕虫、海绵、海参和寄生生物）视而不见，但如果我们花点儿时间研究一下它们的演化史，就会发现它们非常迷人。

那些容易被忽视的生物深深地吸引了我，于是我尝试通过水下摄影来记录它们的美，并且希望没有亲眼见过这些生物的人有机会欣赏这些美妙的画面。

一些极小的珊瑚礁居民鲜为人知，这不足为奇。但奇怪的是，一些极大的、引人注目的、极具魅力的珊瑚礁居民也不愿透露它们的秘密。1986年，世界上最大的鱼类——鲸鲨——的存活数量只有320条；而如今我们知道，有时在不到25平方千米的范围内就聚集了420条鲸鲨。[1] 但我们仍然不确定这些庞然大物去哪里交配或分娩，也不知道幼鲨在哪里成长，甚至不知道最大的雌性鲸鲨生活在哪里。而世界第三大鲨鱼——巨口鲨（*Megachasma pelagios*）——直到1976年才被发现。关于该物种的目击记录至今不足100次，我们对它的生物学和生态学特征几乎一无所知。

当谈到珊瑚礁和整个自然生态系统时，我们必须意识到的一个问题是基准的改变。第一批看到珊瑚礁的人很可能见识过它们的原始状态，但遗憾的是，人类的行为对生态系统的健康造成了损害。

多年来，生态系统的衰退可能让人们认为目前看到的就是自然生态系统原有的样子。因此随着每一代的发展，人们对珊瑚礁原有形态和功能的看法都发生了变化。1997年，我有幸在马尔代夫看到了未白化的珊瑚礁，但如今造访珊瑚礁的潜水员可能只知道他们所看到的一切，没有意识到它们早已发生了变化。因此，珊瑚礁如今衰退的状态成为现在的潜水员眼中的基准。随着白化现象广泛影响世界上的珊瑚礁，我们不禁要问，下一代人是否会把珊瑚礁受损的状态视为一种新的常态，是否会对珊瑚礁的原始状态有不同的理解。

夜间潜水不是我最喜欢的消遣，但观察一种新物种肯定是我的最爱。在西巴布亚岛最偏远的角落，我沿着一堵起伏不平的礁石墙潜入黑暗，寻找一种当时还没有被命名的鱼，我知道它们很难被发现。不像我读博士时研究的、生活在柳珊瑚上的侏儒海马，萨氏海马（*Hippocampus satomiae*）在珊瑚之间游荡——从柳珊瑚到水螅珊瑚，再到软珊瑚。除了不知道在哪里可以找到这种小鱼，就算发现了，想要追踪它们也非常困难，因为它们长度不超过1.3厘米，而且只有在夜幕降临时才会活动。我的做潜导的朋友扬·阿尔法恩几周前第一次发现了一只，所以他急切地带我回去，尝试再次找到它。我们不想用明亮的手电筒去打扰这些小动物，所以遮住了一部分光线，只照亮了珊瑚礁上的一小片区域。我们弓起身子找了半天也没找到，但半小时后，扬的小手电筒终于锁定了一只从一片叶子游到另一片叶子的小海马。水下没有参照物，人眼不容易产生透视感，因此我很难准确感知它的大小，但我不由得惊叹大自然的神奇——它是如何将生命所需的所有器官"浓缩"在如此微小的身体内的？这种鱼有大脑、鳃和心脏，并且由雄性怀孕并哺育后代。我很满意地结束了那一次的潜水，因为我如愿地观察到了最小的脊椎动物之一。

我们永远不会对珊瑚礁的壮观景象感到厌倦，因为自然界一直在向我们展示新的秘密。通过这本书，我渴望与大家分享我对珊瑚礁上那些纷繁或不为人知的生物的热情。我希望你了解这个复杂的生态系统是如何运作的，同时欣赏这个生态系统中令人惊讶的、迷人的和美丽的居民。

对页：世界上最小的海马——萨氏海马，2008年获得物种描述。摄于印度尼西亚西巴布亚岛，拉贾安帕

第二章

珊瑚是怎么生活的？

故事要从一种类似于水母的不起眼的海洋生物开始讲起，它们出现在2.4亿年前的三叠纪。大约在三叠纪之前1000万年发生的二叠纪大灭绝事件使地球上几乎所有的生物都灭绝了。但在此之后，海洋生物在三叠纪又一次崛起。[2]

生命在这个动荡时期缓缓复苏，并且抓住了扩张和夺回地球的机会。在三叠纪，第一批原始造礁珊瑚出现了。[3] 如今，我们知道它们的亲戚是硬珊瑚或石珊瑚。它们同时代的海洋生物有体形巨大、形似海豚、面目狰狞的鱼龙，有与腔棘鱼非常相似的肉鳍鱼类（腔棘鱼体长1.8米，长期以来被认为已经灭绝，直到1938年被马乔里·考特尼-拉蒂默发现），有羽状海百合（海星的一种长得像植物的远古亲戚），还有其他许多至今仍在珊瑚礁上生活的物种。

造礁石珊瑚和被称为虫黄藻的单细胞藻类之间的共生关系奠定了珊瑚礁在当今热带浅海中的统治地位。这种特殊的生态关系使得珊瑚虫巧妙地处理呼吸、新陈代谢和废物排泄等过程，加快它们的生长速度，进而加快碳酸钙的沉积。早期的石珊瑚很小，并且珊瑚虫是独居的，然后经过数百万年时间演化出了共生系统，这使它们成为真正的礁石建造者。[4] 即便如此，我们今天看到的许多石珊

对页：几个珊瑚虫个体。
摄于所罗门群岛

瑚科依然非常古老，它们起源于1.5亿年前的侏罗纪中晚期。

珊瑚是活的动物，尽管它们可能不符合我们对动物的先入为主的定义。这些海葵和水母的迷你亲戚是固着生物，永久地附着在海底，有点儿像植物。珊瑚的活体部分是身体柔软且构造非常简单的动物——珊瑚虫。对许多群体珊瑚来说，每个珊瑚虫只有几毫米长；然而，单独的珊瑚虫，比如菌珊瑚科的珊瑚虫，有时直径可达30厘米。

每个珊瑚虫只有一个开口，开口周围环绕着一圈触手。触手上覆盖着特殊的刺细胞，它们叫刺丝囊，能帮助珊瑚虫捕获路过的食物颗粒。珊瑚虫身体内部的主要结构是一个简单的胃，其单一的开口同时用于摄食和排泄。活着的珊瑚虫身处具有保护作用的、由碳酸钙组成的结构内，这些碳酸钙是珊瑚虫分泌的沉积物，同时也是它们成为杰出生态系统工程师的关键。

珊瑚群落的绝大部分由下面的死亡珊瑚虫的骨骼构成，仅表面覆盖着一层非常薄的、由许多独立的珊瑚虫构成的活组织。一个单种的珊瑚群体拥有成千上万个珊瑚虫。珊瑚群体由一层薄薄的活组织连接在一起。成千上万的不同种类的珊瑚群体聚集在一起，就组成了珊瑚礁。

达尔文悖论

虽然美丽的蓝色热带海洋可能吸引成群结队的度假者，但同样清澈的海水对海洋生物没有那么大的吸引力。在海洋中，真正清澈的海水缺乏能够支持生命活动的营养盐。在水面和海底之间的水层中，溶解的营养盐通常通过浮游生物来彰显其存在，进而浮游生物为水体增添明显的色彩。这里所说的浮游生物指在大洋中漂浮的各种微小生物，它们主要是由变幻莫测的洋流运输的。而本节标题"达尔文悖论"指的是查尔斯·达尔文强调的一个难解之谜：珊瑚礁是蓝色海洋"沙漠"中的"绿洲"。[5]

珊瑚虫只有在营养不足的海域才能茁壮成长，这要归功于它们和生活在它们体内的虫黄藻之间的共生关系。共生意味着双方都从这个关系中受益。在这种情况下，珊瑚虫和虫黄藻都获得了生存优

势。虫黄藻在珊瑚虫安全的软组织和触手内形成群落，在那里它们利用阳光进行光合作用并产生糖类物质。这些糖类物质为珊瑚虫提供了能量，使它们比那些没有这种藻类邻居的亲戚生长得更快。作为回报，珊瑚虫为虫黄藻提供代谢废物，虫黄藻利用这些废物进行光合作用。除了虫黄藻提供的营养，珊瑚虫还需要一些"加餐"，所以在晚上珊瑚虫会膨胀并用带刺的触手捕食路过的浮游生物。

上图：两个不同的珊瑚群相遇。摄于印度尼西亚西巴布亚岛，天堂鸟湾

上图： 海面上下的光合
作用。摄于所罗门群岛

这种极其紧密的循环意味着营养物质很少被浪费掉，因此珊瑚虫能够将大量的能量用于造礁。珊瑚虫以不同的速度沉积碳酸钙：一方面，一些分支多的珊瑚一年可以长18厘米，尽管一年长10~15厘米更常见；另一方面，生长较慢的卵圆形珊瑚可能每年只增长几毫米。[6] 数千年来，这种共生关系造就了世界上最大的生物结构——位于澳大利亚昆士兰海岸的2300千米长的大堡礁。如果没有这种共生关系，碳酸钙沉积和热带浅滩的珊瑚的生长将是微不足道的，我们所看到的珊瑚礁也不可能存在。

虫黄藻

珊瑚虫从寄生在其细胞内的虫黄藻那里受益匪浅，因此其他一些生物也纷纷"效仿"。那些不能移动的珊瑚礁生物，如海绵、海葵和某些软珊瑚，也从这种与藻类的关系中受益，甚至某些软体动

上图：海浪拍打着红海
的珊瑚礁。摄于埃及

物也是如此。在陆地上，我们最熟悉的软体动物是蛞蝓和蜗牛，而
在海洋里，软体动物的种类要多得多。除了数以万计的腹足类动物
（如海蛞蝓和海螺），其他著名的海洋软体动物还包括头足类动物
（如章鱼、乌贼和鹦鹉螺）、双壳类动物（如蛤蜊和牡蛎）和石鳖
（奇特的扁平蛞蝓状动物）。在这些软体动物中，砗磲和许多海蛞
蝓的体内都生活着虫黄藻。

　　海蛞蝓的一个属——多列鳃属（*Phyllodesmium*）——与藻
类的关系比其他大多数种类更密切。这种海蛞蝓身上长着被称为
"裸鳃"的结构，这是一种覆盖在动物背部的指状薄突起。裸鳃中
有多列鳃海蛞蝓的消化腺，而虫黄藻位于这些腺体的细胞内。[7] 多
列鳃海蛞蝓能够从它们的食物（浅水中的米色软珊瑚的珊瑚虫）中获
取虫黄藻。每种多列鳃海蛞蝓都有独特的口味，它们用于伪装的保
护色就能够反映它们喜欢捕食的珊瑚虫的类型，这种伪装使得它们

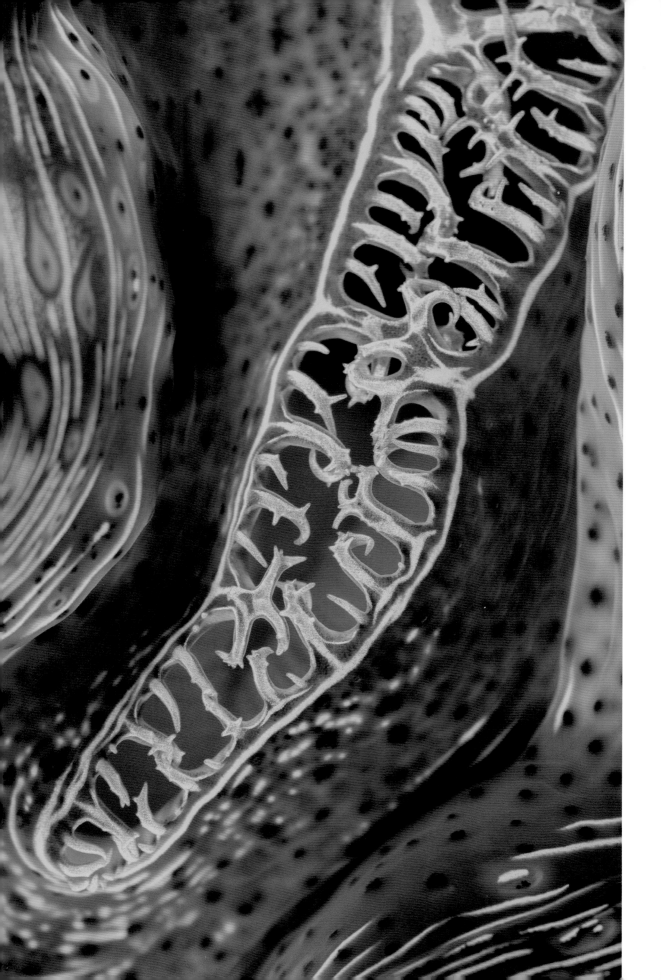

在捕食时难以被敌人发现。因此，多列鳃海蛞蝓可以悠闲地坐在珊瑚上吃东西，几乎不用担心被捕食，同时它们可以通过细胞内虫黄藻的光合作用补充营养。

我甚至发现了一种特别大的海蛞蝓——太阳能灰翼海蛞蝓（*P. longicirrum*）。它们在暴露的礁石上游荡，就像在沙滩上享受阳光的游客。

并非所有的珊瑚体内都有虫黄藻，不过分辨哪些珊瑚体内有虫黄藻往往很简单。虫黄藻通常是米黄色的，所以体内有这些藻类的珊瑚往往是米黄色的。而那些非虫黄藻共生珊瑚（细胞内没有虫黄

上图： 非虫黄藻共生软珊瑚的珊瑚虫的细节。摄于印度尼西亚西巴布亚岛，拉贾安帕

对页： 砗磲外套膜的细节。摄于澳大利亚大堡礁

上图：在浮游生物丰富的水域，无脊椎动物大量生长。摄于印度尼西亚西巴布亚岛，海神湾

第18~19页：水下30米处，滤食动物大量繁殖。摄于印度尼西亚科莫多岛

藻的珊瑚）的颜色往往更明亮。大部分你能想象到的珊瑚礁的明亮颜色都来自非虫黄藻共生珊瑚。这些珊瑚虽然不能从共生生物那里获得营养，但由于不需要阳光（达尔文悖论的关键因素），它们可以不受限制地在任何地方生长。它们通常会在大型悬壁下或洞穴中生长，这些地方几乎没有自然光。

缺乏虫黄藻的珊瑚主要通过滤食获取营养，因此它们通常位于被营养丰富的洋流环绕的珊瑚礁周围。营养丰富的海水往往比较浑浊，这就解释了为什么在这种环境下，色彩鲜艳的软珊瑚、海绵和其他滤食动物可以真正繁茂起来。

在印度尼西亚西巴布亚岛的海神湾，局部季节性上升流富含营养物质，把海水变成绿色的汤。我第一次在这里潜水时，犹豫了一会儿才跳到可怕的海中，因为我不确定会发生什么。可当我到达海底时，我就被这里丰富的植物和缤纷的色彩吓了一跳。由于不需要与喜欢光线的珊瑚竞争，其他生物得以大量繁殖。红色、粉色、黄色和紫色的软珊瑚覆盖了礁石的每一寸表面。然而矛盾的是，在这里大多数色彩都只能隐于黑暗，仿佛从未存在过一样。

软珊瑚的珊瑚虫不像硬珊瑚的那样产生嵴状碳酸钙骨骼；相反，它们的结构是由一种被称为"骨针"的微小钙质棒组成的网状结构。在一天中洋流静止的部分时间里，软珊瑚会收缩成小小的钉球。当洋流开始运动，它们膨胀并露出珊瑚虫，这些珊瑚虫就开始从流过的水中捕获浮游生物。缺乏虫黄藻的珊瑚也存在于黑暗的深海中，在那里，单个珊瑚群体生长极其缓慢，长达数千年。在海面6000米以下、零下1摄氏度的水中，生命以较慢的速度延续着。摆脱了浅水区多变气候的影响，这里的珊瑚创造了丰富但脆弱的生态系统，为这里的独特动物区系提供了家园。

珊瑚生长在何处？

珊瑚-藻类共生促进了珊瑚在清澈的热带海洋中的生长，在这个栖息地很少有其他生物能够与之竞争。不过，珊瑚确实对环境有特定的要求。当这些要求不能被满足时，珊瑚就会被其他适应性更强的生物所取代。总的来说，要维持正常的生长，珊瑚有一些生态方面的基本需求。

首先，温暖的海水是珊瑚生长的基础。通常情况下，珊瑚能够忍受21~32摄氏度的海水；在冬天，它们能短暂地忍受水温降到18摄氏度。因此，大多数珊瑚礁都位于南北纬30度之间的范围内。然而，在海洋的某些部分，珊瑚礁可能稍微向南北延伸。某些全球性的重要洋流有助于将温暖水域的范围扩展到南北纬30度以外，例如分别在北半球和南半球流动的太平洋赤道大洋流。在南半球，南赤道洋流在风的推动下穿过太平洋中部，到达澳大利亚昆士兰海岸附近的大堡礁，然后从那里向南流动，成为东澳大利亚洋流。当东澳大利亚洋流向南流动时，它从赤道带来的温暖海水最终可以到达塔斯马尼亚岛。在电影《海底总动员》中，尼莫就是随着这股洋流从北部的大堡礁游向南部的悉尼的。如果没有东澳大利亚洋流，悉尼附近的水域将明显温度更低，许多生物的分布南界将更靠北。近几十年来，这股洋流不断加强并向南延伸，将一些生物的地理范围推向了南方。[8]

我亲眼看到了温暖的东澳大利亚洋流的延伸如何对澳大利亚南部原本寒冷的水域造成了不利的影响。2011年，我来到塔斯马尼亚岛东南部的塔斯曼半岛，并潜入巨大的海藻床。就像美国加利福尼亚州著名的海藻床一样，这里巨大的海藻形成了浓密高耸的水下森林。这是我唯一一次有机会见识这里神奇的生态系统，而且它和北太平洋的海藻床一样给我留下了深刻的印象。以前，海藻床是如此密集和广泛，以至于渔民们被允许在这里从事商业捕捞。但随着时间的推移，海藻床逐渐减少。我潜入了它们最后的堡垒之一——塔斯马尼亚岛东南部的瀑布湾，那里有五颜六色的海龙和其他各种各样独特的生物。

6年后，我又来到了这里，这次我很想和朋友们分享这一奇观。但我得知了一个令我极度沮丧的消息。自从上次我探访塔斯马尼亚岛以后，由于东澳大利亚洋流的延伸，壮观的海藻床几乎完全消失了。虽然塔斯马尼亚岛看起来像偏远的荒野，但这个地区正遭受着地球上一些最极端的气候变化的影响。[9] 它是全球变暖最严重的前10%地区，其升温速度是全球平均水平的4倍，并且这一致命趋势还没有减弱的迹象。[10] 而且，海藻的消失不仅仅是因为温暖海水的涌入。萨氏冠海胆（*Diadema savignyi*）是土生土长的澳洲本地海胆。在过去的40年里，它们随着温暖的海水迁移，它们的活动范围向南扩展了640千米。[11] 而海胆是一种贪婪的植食性动物，它们会吃掉大量的海藻苗，从而阻止海藻生长。有研究者认为，海藻床的消失直接影响了至少150种与水下森林有联系的物种。[12]

通过观察全球珊瑚礁分布的模式，你可以在意想不到的地方发现珊瑚礁。相反，你以为有珊瑚礁的地方，你却可能找不到珊瑚礁。

美洲热带的西海岸是一个人们认为珊瑚礁会繁盛生长的地区，然而这里的珊瑚礁只有零星几处，面积只有几公顷。[13] 坐落于赤道的加拉帕戈斯群岛似乎是完美的珊瑚"舒适区"，然而，除了在其

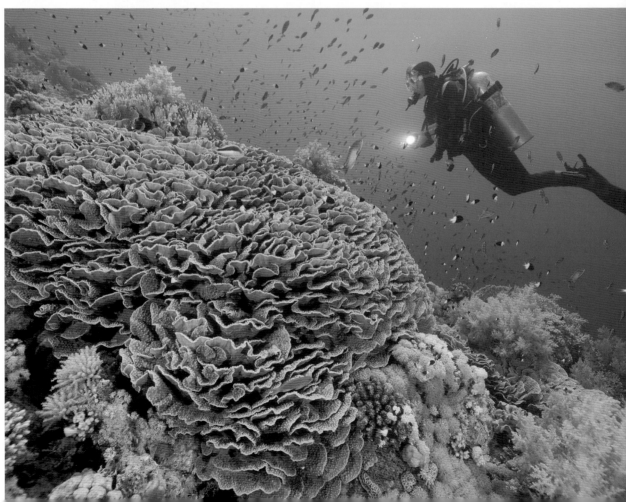

北部偏远的达尔文岛有一些分散的、种类稀少的珊瑚外，加拉帕戈斯群岛的珊瑚少之又少。印度尼西亚有500多种硬珊瑚，而加拉帕戈斯群岛只有22种。[14] 珊瑚的缺乏很大程度上是由于不适宜珊瑚生存的冷水团包围着岛屿。尽管位于赤道，加拉帕戈斯群岛的海水温度却经常处于10~15摄氏度之间，这对珊瑚来说太冷了，并不适合它们生存。这些凉爽、富含营养的海水源于深海，并随着上升流来到海面。在全球许多地方，类似的上升流将冷水带到海面，抑制了珊瑚的生长，从而限制了珊瑚礁的潜在分布范围。

其次，为了达到最佳生长状态，珊瑚还需要恒定的盐度，这一点由巨大的海洋提供了保障。沿海地区之所以鲜有珊瑚存在，正是因为河流带来的大量淡水抑制了珊瑚的生长。你不会在密西西比河、亚马孙河和恒河河口附近发现珊瑚礁，因为大量的淡水降低了

海水的盐度，并且河水裹挟而来的高密度的沉积物会阻止阳光在水中的长距离传播。从水面到海底的浑浊沉积物阻碍了阳光，从而限制了珊瑚生长所必需的光合作用。反过来，海水盐度过高，超过一定的阈值，也会对珊瑚的生长构成威胁。红海位于沙特阿拉伯西部，是印度洋的一个重要入口，也是地球上有生命存在的盐度最高的水体之一，其盐度差不多是珊瑚能够忍耐的盐度的上限。由于高盐度海水对人的浮力较大，当我在红海潜水时，我必须在设备上额外增加几千克的重物，才能成功潜到水中。

最后，珊瑚需要充足的阳光来维持最佳的生长状态。它们必须附着在足够浅的坚硬表面上，才能获得充足的阳光。新的珊瑚礁不能凭空在海洋中央形成，只能在岛屿或现有的环礁，也就是一种环形珊瑚礁周围生长。阳光能穿透清澈的海水，使珊瑚生长的最大深

上图： 生长在浅水区的珊瑚。摄于印度尼西亚西巴布亚岛，拉贾安帕

度达到50米左右，而大部分开阔的海洋比这要深得多。可是，那些点缀在偏远的暗礁和广阔的深蓝色海洋中的珊瑚礁是如何生长的呢？查尔斯·达尔文提出了这样的理论：在太平洋开阔的海域中，珊瑚礁的形成经历了一系列的阶段。首先，珊瑚在古火山周围生长，形成环绕海岸的边缘珊瑚礁；然后，随着火山开始逐渐下沉并最终沉入海底，海岸线渐渐向内推移，于是珊瑚礁距离海岸线越来越远，成为保护潟湖的堡礁；最终，火山锥沉入海洋深处，珊瑚礁却留了下来，并且在阳光下肆意生长，形成散落在广阔海洋中的偏远环礁。

珊瑚礁上的生命丰富多彩，而且塑造这些生命的环境条件各不相同，因此每个珊瑚礁生态系统都是独一无二的。通过我在世界各地潜水的经历，我对珊瑚礁非常熟悉，可以根据特定的无脊椎动物的组成（我是说假如照片里一条鱼也没有的话）准确地说出照片是在哪里拍摄的。固着无脊椎动物指那些永久附着在海底或珊瑚礁上生长的动物，比如珊瑚虫、海绵、苔藓动物（小型滤食无脊椎动物的古老分支）和被囊类动物（一种常见的海洋无脊椎动物，在脊椎动物的演化中起重要作用）。

如此多的无脊椎动物在有限的珊瑚礁上争夺生存空间，它们之间的竞争也就非常激烈。很明显，让其他物种在自己身边定居并可能占领自己的"地盘"，对一个有机体来说是最不利的，所以这些珊瑚礁居民演化出了巧妙的自我保护模式。一些软珊瑚的珊瑚虫和海绵会向水中释放化学物质，从而抑制其他无脊椎动物直接在它们周围固着、定居。[15] 这种通过向环境中释放化学物质来抑制其他物种的生长或防止其沉降的过程，被称为"化感作用"。其他无脊椎动物的幼虫一般都能察觉到这类化学物质（被称为"异种化感物质"）并避开它们。[16] 但是，如果幼虫因"失误"而靠近产生异种化感物质的生物，就会被这些化学物质杀死。

拉贾安帕是世界上我最喜欢的潜水目的地之一。在这里，珊瑚礁的每一寸表面都被某种生物覆盖着，而且这种生物还能在离水面几厘米的地方生长。我花了整整两周的时间探索这些岛屿，而没有在水下10米的地方游荡。这对我来说很不寻常，因为休闲潜水证书允许我潜到水下30米深的地方。拉贾安帕——"Raja Ampat"在印度尼西亚语中是"四王"的意思，指的是组成该地区的4座大岛。这里的浅滩上长满了硬珊瑚，也生长着各种固着无脊椎动物。这些岛屿大部分是由古代珊瑚礁形成的。但随着时间的推移，海水侵蚀了它们的底部，最终使岛屿如同蘑菇一般。这种侵蚀是如此严重，以至于在一些地方，岛屿的海岸线被侵蚀了5米甚至更多。在蘑菇状岛屿的悬岩下面，光线被"蘑菇"的伞面阻隔，所以喜光的珊瑚无法生长。在这些地方，通常只能在深海中生长的珊瑚出现在仅有1米深的水中。五颜六色的海绵、柳珊瑚、海扇、软珊瑚、鞭珊瑚和黑珊瑚覆盖在岩石上，而海浪在上方的礁石下不断搅起气泡。

珊瑚礁群体的组成在不同的地方差别很大，珊瑚本身的特征也可能是非常具有可塑性的。同一种珊瑚的形状会因各地的环境特点而有所不同。在缺乏光线的深水中，珊瑚的生长方式与浅水中同种珊瑚的生长方式差别很大。同样，在风平浪静的水域，分枝珊瑚可能长成细长而脆弱的形状；而在开阔的水域，分枝珊瑚可能长得更加粗壮结实，以便承受持续的海浪和风暴的冲击。

由于珊瑚礁充满活力、色彩丰富，作为陆生动物的我们往往错误地把它们看作花园里五颜六色但转瞬即逝的一年生花卉，而非古老、长寿的红杉森林。恰恰相反，根据目前的估计，巨型蛤和海葵都可存活100多年[17]；即使是海葵鱼也能活到90岁[18]；一些大型的硬珊瑚群体的珊瑚虫更是可能有800年的寿命[19]。当我们考虑珊瑚礁的保护以及它们在受损后需要多长时间才能恢复的

上图：锯唇鱼（*Cheilo-prion labiatus*）。摄于印度尼西亚西巴布亚岛，拉贾安帕

时候，牢记这些时间尺度是很重要的。

存在于无脊椎动物"领地"之间的"无主之地"，可能与珊瑚群落的其他部分一样重要，因为其他生物以它们为家。食草，或者说以植物为食是一个非常重要的生态过程，无论在陆地上还是在水中，这一过程都是生物群落存在的基础。植食性动物在维持珊瑚礁现状方面也起着至关重要的作用，它们以岩石表面不断生长的藻类为食。许多植食性鱼类和无脊椎动物都在忙碌地进食，它们每天消耗90%的新生藻类。如果没有这种持续的"放牧压力"，藻类就会逐渐长得又大又硬，最终长到大多数植食性动物都无法享用的程度。如果植食性动物的消耗效率下降，导致藻类过度生长，整个生态系统就会不可逆转地从珊瑚礁转变为海藻床。因此，对鹦嘴鱼等植食性动物的过度捕捞会产生广泛的影响。似乎只有一种鼻鱼喜欢食用大型海藻，而珊瑚礁生态系统的平衡就依赖这种不起眼

的鱼的胃口。[20] 这说明每个物种在珊瑚礁生态系统中都扮演着自己独特的角色。因此，维持和保护所有珊瑚礁生物至关重要，而不能只关注部分物种，这样才能确保所有重要的珊瑚礁生态过程都得到保护。

上图：夕阳蝴蝶鱼（*Chaetodon pelewensis*）。摄于斐济

珊瑚礁和珊瑚礁生物

珊瑚的物理框架不仅为珊瑚礁上的生物提供居住或躲藏的三维立体结构，还为许多生物提供食物，硬珊瑚的珊瑚虫死后留下的骨骼甚至为下一代的珊瑚虫提供了生长的基础。

珊瑚寄居蟹是一种以珊瑚为家的物种。珊瑚寄居蟹不像非珊瑚礁居民的同类那样带着厚壳来保护自己，而蜷缩在珊瑚中的小洞里，用特化的手臂捕捉水中路过的食物。它们永远不会离开自己的安全的避风港。同样，圣诞树蠕虫完全依赖珊瑚的庇护：它们在珊

瑚上挖洞并躲在洞里，从洞里伸出滤食性刚毛以捕获来来往往的浮游生物。

以珊瑚为食的捕食者在健康的珊瑚礁上很容易被发现。我特别迷恋一种珊瑚捕食者，一种被称为“锯唇鱼”的热带鱼。在很长一段时间里，我只看过这种鱼的照片，因为在天然海域里很难找到它们。直到有一次，在菲律宾南部的一个小型海洋保护区潜水时，我偶然在一座茂密的珊瑚花园中发现了一条这种不起眼的鱼。我一眼就认出了它。当时它正在吃一簇珊瑚，它的嘴唇大得出奇。这种鱼的大嘴唇无疑是好莱坞夸张的“鳟鱼噘嘴”嘴型的真正灵感来源。

这样的厚嘴唇是有作用的，就像自然界中的一切事物一样。一年后，我在西巴布亚岛发现了更多的这种鱼，我花了一小时左右的时间观察它们的滑稽动作，证实了这种嘴唇的作用。这些鱼是专食珊瑚的动物，它们没有采用蝴蝶鱼的做法，一次只啄食一个珊瑚虫，而是完全剥掉珊瑚表面的组织。在这个过程中，它们脆弱的皮肤将与锋利的珊瑚骨骼相遇。此时，丰满的嘴唇可以保护它们的皮肤不被珊瑚骨骼边缘割伤和撕裂。

最著名的食珊瑚鱼类一定是蝴蝶鱼，它们是世界各地珊瑚群体中无处不在而且引人注目的成员。由于大多数蝴蝶鱼完全依赖健康和多样化的珊瑚组合，它们能够通过移动位置对珊瑚的健康和丰度变化做出快速反应。但如果出现珊瑚礁生态系统退化的极端情况，它们就可能死亡。20世纪80年代初，有人认为蝴蝶鱼可以作为珊瑚健康状况的指标，因为蝴蝶鱼容易调查，而且它们的种群变化也容易记录下来。但要想直接对珊瑚进行调查则困难得多，因为它们的种类和数量众多，并且很难识别。[21] 由于蝴蝶鱼对它们的食物非常挑剔，所以它们的数量波动也有助于反映特定珊瑚群的变化。蝴蝶鱼有领土意识，它们能容忍的其他蝴蝶鱼的密度与食物供应直接相关。因此，这些珊瑚礁的主要捕食者可以告诉我们一片海域存在多少种珊瑚以及它们的密度。

产卵

十一月中旬的一个黄昏，一个观察动物社会行为的人游进了布

对页： 正在产卵的桶状海绵。摄于菲律宾苏禄海，图巴塔哈礁

上图： 正在产卵的珊瑚虫。摄于印度尼西亚苏拉威西岛，瓦卡托比

满珊瑚、海绵和海百合的珊瑚礁的一个缺口。那个人就是我。海水里充满令人兴奋的气氛。不久后，我注意到珊瑚上出现了几个白色小斑点。很快，一些珊瑚虫和海百合开始产卵，释放出大量的精子和卵子。亲眼看见这一自然景观真是太神奇了。当一股由配子组成的烟雾被释放出来时，海百合几乎像着火了一般。有所不同的是，珊瑚虫采取了一种更精妙的方式，将肉眼可见的大型配子一个一个释放到水中。

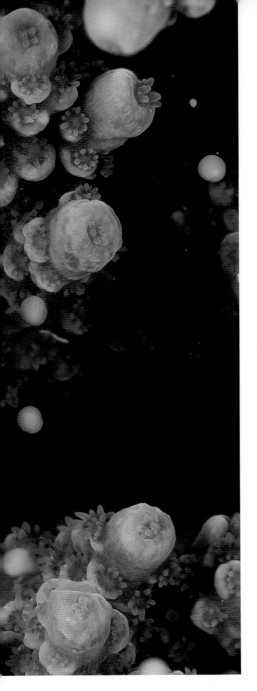

这种繁殖方式被称为"撒播"或"集群产卵"。大多数珊瑚虫和其他永久附着在珊瑚礁上的动物都以这种方式将精子和卵子释放到水中，受精和发育都在体外进行。[22] 集群产卵是地球上最壮观的自然景观之一，因为大多数特定珊瑚礁上的生物每年都在一个或几个晚上集中产卵。由于卵的密度极高，这些卵在水面形成明显的"浮油"区。尽管一年中也可能有其他夜晚符合其他物种的产卵需要，但某一特定地区的大多数物种往往都倾向于在同一晚产卵。不同物种的集群产卵可能是一种生态适应的结果——卵的数量如此之多，以至于捕食者无法将其赶尽杀绝，这样可以防止捕食者对单一物种的繁殖潜力造成太大的损害。有趣的是，研究人员发现，在同一天仅间隔几小时产卵，就足以防止珊瑚群体的种间杂交，这可能也导致了不同种类的生殖隔离和演化。

珊瑚虫集群产卵通常发生在满月后的几个晚上。环境因素对集群产卵过程仍然是至关重要的，因此100多种珊瑚虫和其他生物能够在一年的同一个夜晚产卵，而且每个物种通常只利用特定的4小时"窗口期"产卵。各种环境因素，如昼长和月亮的亮度，似乎都能让这些生物与同类同步产卵。其他生物也在每年相同的周期中计划它们的繁殖活动，以便利用珊瑚虫的产卵行为。鲸鲨从印度

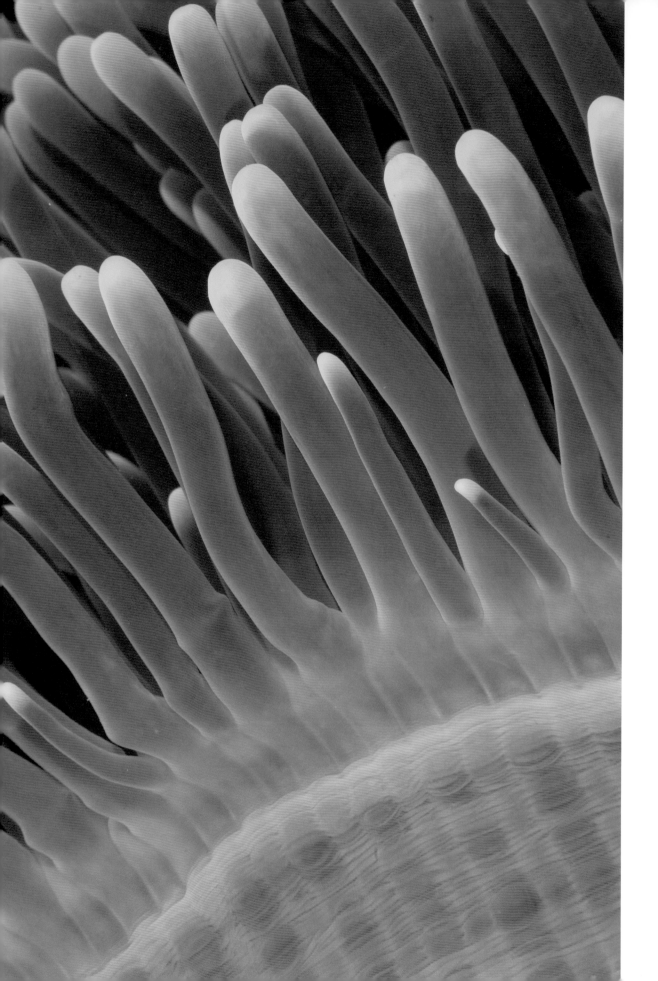

洋进行大规模洄游的时间与澳大利亚西部宁格罗礁的珊瑚虫产卵时间重合，因为珊瑚虫集群产卵对鲸鲨每年的食物摄入有重要的贡献。[23] 此外，人类的旅游业也围绕珊瑚虫产卵和鲨鱼的到来发展。

源远流长的固着生物

除了珊瑚之外，还有大量的固着生物占据着珊瑚礁的硬质基底，它们是海绵动物、苔藓动物、被囊动物、柳珊瑚、海葵和类珊瑚（类珊瑚目的大型圆盘状动物，外表与海葵相似）。其中一些生物非常古老，自地球上最早的动物出现以来，它们就在生命树上分道扬镳了。

例如，海绵是一种非常简单的动物，它利用领细胞微小的鞭毛引导产生水流，使海水流经身体内部的水沟。最近的研究发现，海绵可能是海洋生态系统中的缺失环节，它们能够将水体中的有机物转化为珊瑚礁居民可以食用的形式，填补了达尔文悖论的另一个缺失部分。[24]

海绵过滤系统中的细胞有非常高的物质转换率，为珊瑚礁生物生产可利用的有机碎屑。在加勒比海地区，海绵比珊瑚数量更多，种类也更多。在珊瑚礁上扮演着各种各样的重要角色，甚至在物理上把整个珊瑚礁的结构粘在一起。一些海绵像珊瑚一样体内有虫黄藻，而另一些海绵的体内有细菌，细菌能够将游离的氮元素固定成一种可用于生长的形式。

被囊动物（有时也被称为"海鞘"）在大多数珊瑚礁上普遍存在。它们通常很小，所以经常被忽视。海鞘是一种简单的动物，只有一个入水口和一个出水口，海水在其中进进出出，而海鞘得以过滤海水中的营养。最有意思的是，在生物学上海鞘是脊椎动物现存关系最近的亲属。脊椎动物是生命树中最大的分支之一，包括鱼类、两栖类、鸟类、哺乳动物等有脊椎的动物。被囊动物和脊椎动物之间的联系已经通过基因分析得到了证实，同时在被囊动物的蝌蚪状幼虫中发现的脊椎动物的一些早期关键特征也支持这一结论。[25] 这些微小的胶状海鞘可能是地球上所有脊椎动物的起源，这真令人惊讶啊！

对页： 海葵触手的细节。摄于印度尼西亚苏拉威西岛，瓦卡托比

第38页上图： 等待伏击猎物的博比特虫。摄于菲律宾吕宋岛，阿尼洛

第38页下图： 顽皮的毛利章鱼（*Macroctopus Maorum*），世界第三大章鱼物种，体重可达10千克。摄于南澳大利亚

活跃的无脊椎动物

　　许多扎根在珊瑚礁上的固着无脊椎动物是珊瑚礁生态系统的基础。此外，这个生态系统中还有许多活跃的和可移动的无脊椎动物。软体动物、甲壳动物（节肢动物的一类，包括许多人们熟悉的动物，如龙虾、螃蟹、藤壶和陆生潮虫）、棘皮动物（生物演化中一类独特的动物，包括海星、海胆和海百合）、多毛类蠕虫（一种有明显刚毛的环节动物）是最容易被人们发现的，但当人们提到珊瑚礁的生物多样性时，它们很少被提及。

　　蠕虫可能是珊瑚礁生物中最不受重视的，但它们在分解珊瑚礁方面的作用对珊瑚礁的隐藏功能至关重要。飞羽管虫从水中过滤食物，但是从来不会离开自己的洞穴。相比而言，其他多毛类蠕虫更活跃。火刺虫四处乱窜，因为它们的具有刺激性的刚毛可以抵挡几乎所有的捕食者。另一种无所畏惧的蠕虫是博比特虫。这个名字源自一个骇人听闻的案件——罗瑞娜·博比特在她丈夫睡觉时切断了他的阴茎，然后把它从车窗扔到了田野里。这些可怕的蠕虫在夜间从沙子里冒出来，直立着，张开一对巨大的螯，准备扑向任何毫无防备的鱼。博比特虫身长可达3米，是小型珊瑚礁鱼类的噩梦。你肯定不想在晚上完成你的第100次潜水，因为根据传统，第100次潜水是要裸体进行的，而这个时候博比特虫可能误认为你是它们的食物。

　　软体动物是另一类具有许多固着形态的动物，例如在珊瑚礁上十分显眼的砗磲和牡蛎。此外还包括许多可移动的种群（如数千种海蛞蝓和海螺）以及一些鲜为人知的种群（如石鳖）。当然，还包括头足类动物。软体动物是一个物种极其丰富的群体，80%的软体动物属于腹足纲，它包括所有的海螺和海蛞蝓。显而易见的是，包括鱿鱼、章鱼和鹦鹉螺在内的800种头足类动物已经朝着与海蛞蝓不同的方向演化。鹦鹉螺是一群生活在螺壳里的自由游动的头足类动物。从几千种已知的鹦鹉螺化石中我们发现，它们曾经是海洋中的主要掠食者之一，但现在只有少数几种在世界上存在。头足类动物已经演化成珊瑚礁上最聪明的动物之一，当然，是最聪明的无脊

第40页：

1.端紫三鳃海蛞蝓（Aegires villosus）。摄于菲律宾吕宋岛，阿尼洛

2.奇异灰翼海蛞蝓（Favorinus mirabilis）。摄于印度尼西亚桑朗岛

3.印度灰翼海蛞蝓（Caloria indica）。摄于印度尼西亚西巴布亚岛，拉贾安帕

4.Glossodoris stellatus。摄于印度尼西亚西巴布亚岛，拉贾安帕

5.多角海蛞蝓（Nembrotha kubaryana）。摄于所罗门群岛

6.触手多角海蛞蝓（Tambja tentaculata）。摄于印度尼西亚西巴布亚岛，拉贾安帕

第41页：

7.多彩海蛞蝓未定种（Chromodoris sp.）。摄于日本八丈岛

8.艾伦多彩海蛞蝓（Miamira willeyi）。摄于菲律宾吕宋岛，阿尼洛

9.冲绳海蛞蝓未定种（Halgerda willeyi）。摄于日本八丈岛

10.火樱花海蛞蝓（Sakuraeolis nungunoides）。摄于印度尼西亚桑朗岛

11.糖果隔海蛞蝓（Okenia kendi）。摄于印度尼西亚苏拉威西岛，伦贝海峡

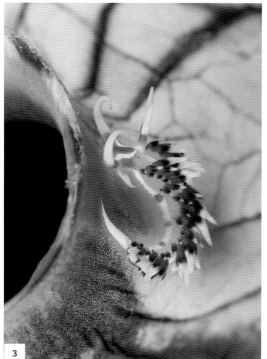

7

8

9

10

11

上图：潜鱼。摄于印度尼西亚苏拉威西岛，伦贝海峡

椎动物。它们有高度发达的神经系统和大脑，它们的大脑和同等大小的脊椎动物的大脑一样大，这使它们具有无与伦比的学习和记忆能力。

在珊瑚礁上活跃的无脊椎动物还有节肢动物。我们更熟悉的节肢动物包括昆虫、蜘蛛和蜈蚣。而在海洋中，节肢动物同样种类繁多，包括螃蟹和龙虾等甲壳类动物，以及鲜为人知的海蜘蛛和鲎。海蜘蛛和鲎是这一群体中不寻常的古老分支，在珊瑚礁生态系统中很少见，是最微不足道的角色。然而，我们将在后面的章节中了

解到，甲壳类动物是一个非常重要的群体，无论是自由生活的种类还是寄生的种类。藤壶，就是我们在岩石海岸的飞溅区或鲸鱼下巴上看到过的熟悉的白色斑点，是人们常识之外的甲壳类动物。它们的幼虫更容易被认出是甲壳类动物，成年后，它们与岩石粘在一起，靠滤食为生。龙虾、螳螂虾和许多种类的螃蟹在珊瑚礁上很常见，从肉眼几乎看不见的微小物种到巨大的龙虾，种类繁多。

棘皮动物是最后一类占统治地位的无脊椎动物，它们全部生活在海洋中。棘皮动物是简单而古老的动物，主要分为5类：海百合、海星、海蛇尾、海胆和海参。在种类纷繁的无脊椎动物中，棘皮动物在珊瑚礁中起着非常重要的作用。海胆疯狂地吃海藻；棘冠海星扫荡般捕食珊瑚虫，可以摧毁整座珊瑚礁；海参则以沙粒上的细菌为食……棘皮动物也为其他大量生物提供了栖息地，最令人震惊的例子之一是海参让潜鱼生活在其体腔内。潜鱼是一种杆状、透明的鱼，它们晚上从海参的肛门里钻出来进食，白天又钻回海参体内躲藏起来。

珊瑚礁是由许多生物组成的，它们来自生命树中一些最不相关的分支，却全部被一个大杂烩般的生态系统容纳。正是因为拥有这些长期演化的生命分支，珊瑚礁被认为比热带雨林具有更高程度的生物多样性，比如许多珊瑚礁生物的历史可以追溯到数亿年前。

第42页上图：孔雀螳螂虾（*Odontodactylus scyllarus*）。摄于菲律宾内格罗斯岛，杜马格特

第42页左下图：红色海星。摄于澳大利亚塔斯马尼亚岛

第42页右下图：浅滩里的蓝色海星。摄于印度尼西亚西巴布亚岛，拉贾安帕

第43页：宽吻齿指虾蛄（*Odontodactylus latirostris*）。摄于菲律宾内格罗斯岛，杜马格特

第三章

珊瑚三角区

灰色、黄色和淡蓝色的雀鲷像巨大的云朵，在我面前枝丫状的珊瑚丛的保护下忽隐忽现。金枪鱼的远亲珍鲹不知从哪里冒出来，试图抓住这些谨慎但可口的食物。几条污翅真鲨（*Carcharhinus melanopterus*）在锋利的珊瑚上方慢慢地游动，既没有注意到我，也没有注意到它们潜在的猎物。我把注意力从珊瑚礁上移开，向下看我周围的小动物。下面是一对环尾鹦天竺鲷（*Ostorhinchus aureus*），雄鱼的嘴里满是暗橙色的卵。天竺鲷是珊瑚礁鱼类中一个物种多样性程度很高的小体形类群。珊瑚礁上熙熙攘攘，随处可见生命之树的新枝杈。这里不仅有鱼和硬珊瑚，还有海星、被囊动物、海鞭（海鞭的长度从不足1米到3米不等，可以单独生长，也可以形成小丛），以及"水手的眼球"——银色大理石般的球法囊藻（*Valonia ventricosa*）。它们都在嗡嗡作响，所有这些都为生命的丰富做出了贡献。

珊瑚礁通常被称为"海洋中的热带雨林"，它拥有高度的生物多样性，充满了活力四射的动物，令人叹为观止。它是地球上动物密度最大的生态系统，其中的动物比其他任何海洋栖息地的都丰富。珊瑚礁尽管遍布热带海域，但只覆盖了地球上很小的一部分区域——总面积比美国的得克萨斯州还小，只占地球总面积的

对页：双带拟雀鲷（*Pseudochromis bitaeniatus*）从一只砗磲中出现。摄于印度尼西亚西巴布亚岛，拉贾安帕

0.1%。[26] 尽管各地的珊瑚礁的结构和组成看起来相似，但与珊瑚礁相关的物种各不相同，它们的种类取决于珊瑚礁所处的地理位置。

热带雨林和珊瑚礁是地球上生物多样性程度最高的的地方。热带雨林所占面积是珊瑚礁总面积的20倍，热带雨林比珊瑚礁拥有更多的物种，但是拥有的物种类群少于珊瑚礁生物的类群。我们在珊瑚礁上很容易找到共同演化的生物，这些生物非常古老，它们最后一次拥有共同祖先是在6亿多年前的前寒武纪。在珊瑚礁上发现的生物种类远远多于在陆地上发现的，甚至多于地球上任何其他地方的。今天我们在那里发现的一些物种的历史可以追溯到恐龙出现之前的数百万年，刺胞动物（包括水母、类珊瑚和珊瑚）、棘皮动物、海绵动物和苔藓动物（古代晶格状无脊椎动物）只是珊瑚礁生物中常见的古老门类中比较知名的几类。

像珊瑚礁这样地理分布范围有限的生态系统竟然能容纳数百万个物种，这似乎是不可能的事情。据估计，全世界的珊瑚礁生物的总数为60万~900万。[27, 28] 能与珊瑚礁竞争"海洋生物多样性程度最高"头衔的唯一栖息地是深海，这在很大程度上是因为全球范围内都有辽阔的深海栖息地。热带雨林在很多方面都可以与珊瑚礁进行比较，珊瑚礁中的珊瑚和鱼类与雨林中的树木和鸟类的关系非常相似。这两个热带生态系统都依赖活着的生物——分别是树和珊瑚——来形成结构复杂的栖息地，提供重要的食物和住所。它们也庇护着许多堪称"专家"的居民，这些关系在数千年的时间里共同演化。

小丑鱼（也就是海葵鱼的一种）只是生活在珊瑚礁栖息地上的"专家"之一。所有海葵鱼只与海葵生活在一起：有些可以在10种潜在的海葵宿主中选择，而有些只能与一种海葵一起生活。这种特定的栖息地要求使得许多物种和平共处，每个物种都有独特的生态位。这些栖息地"专家"的数量似乎是无穷无尽的。每一种动物似乎都有另一种动物与它生活在一起或生活在它上面。事实上，新物种仍在不断被发现，而此前它们一直隐藏在熙熙攘攘的珊瑚礁中。

生物多样性突出的中心

虽然珊瑚礁作为一个整体容纳了大量的物种，但一座特定的珊瑚礁容纳的物种数量在很大程度上取决于它的地理位置。就像亚马孙热带雨林比欧洲森林物种更丰富一样，一些珊瑚礁比其他珊瑚礁更有活力。世界各地珊瑚礁生物的多样性和种群分布格局并不一致。例如，你可以数出菲律宾海湾的鱼类种类，它就同整个加勒比海的鱼类种类一样多。

19世纪，英国生物学家阿尔弗雷德·拉塞尔·华莱士爵士和查尔斯·达尔文率先研究了动物在陆地上的分布。然而，直到20世纪50年代中期，科学家才开始研究海洋生物的分布。自那以后，一个海洋生物多样性突出的特殊区域被自然资源保护主义者称为"珊瑚三角区"。从全球范围来看，这个区域相对较小，仅占地球表面的1%，但它拥有世界上种类最丰富的海洋生物。[29] 它包括6个国家的部分水域：印度尼西亚东部、菲律宾、沙巴州（马来西亚的一个州）、东帝汶、巴布亚新几内亚和所罗门群岛。

人们在珊瑚三角区中发现了大约60%的印度洋和中–西太平洋（西印度洋–太平洋海域）珊瑚礁鱼类和37%的世界上所有的珊瑚礁鱼类。[30] 这个区域在面积上仅占全球海洋的1.5%，它拥有的硬珊瑚的种类却是已知硬珊瑚种类的76%。[31] 由于缺乏研究，我们无法估计在珊瑚三角区内发现的其他珊瑚礁生物的比例，但有证据表明，它们所占的比例同样很大。除了珊瑚三角区涉及的6个国家之外，澳大利亚、日本、帕劳、瓦努阿图、斐济、法属新喀里多尼亚和密克罗尼西亚联邦等国的水域至少有1000种与珊瑚礁相关的鱼类（一部分时间生活在珊瑚礁上的鱼类）。这些鱼的种类虽然很多，但仍然远远少于珊瑚三角区的鱼类种类。

20世纪90年代末，人们对珊瑚三角区的鱼类学研究重新产生了兴趣，使这个地区成为调查和保护工作的重点。因此，它是近几十年来许多新发现的珊瑚礁生物的来源地。虽然珊瑚三角区的总面积很小，但其中有大量不同的栖息地。事实上，通过研究珊瑚三角区的珊瑚分布，科学家已经确定了16个生态区，每个生态区都与其

上图：风景如画的珊瑚花园。摄于印度尼西亚西巴布亚岛，拉贾安帕

他生态区不同。[32]

离珊瑚三角区越远，可以发现的生活在珊瑚礁上的鱼类、珊瑚虫和其他生物就越少。若绘制多样性等量线，其焦点就在珊瑚三角区。从地球的赤道到两极，以及往东和往西，人们通常都能发现这种模式。例如，红海有显著的珊瑚分布，但硬珊瑚的多样性程度明显较低，其北部地区只有240种，而珊瑚三角区约有600种。[33] 红海的鱼类虽然丰富，但多样性程度要低得多。同样，夏威夷也有珊瑚礁，但栖息在珊瑚礁上的物种数量远少于珊瑚三角区的物种数量。这些珊瑚礁生物多样性的分布告诉我们，珊瑚三角区拥有物种

最丰富的珊瑚礁。进一步的调查显示，在珊瑚三角区，有一个区域是生物多样性最突出的中心。

珊瑚三角区的中心

在新几内亚岛偏远的西部地区，有一个半岛是新物种发现最多的地区之一。荷兰探险者将这个半岛命名为佛吉克普半岛，这个名称的意思是"鸟头"，因为这个半岛的形状就像鸟头。现在它的正式名称是多贝莱半岛，但它仍然经常被人们称为鸟头半岛。它由3个主要区域组成：东部的天堂鸟湾、西部的四王岛和南部的海神湾。该地区是珊瑚三角区真正的中心，也是全球海洋生物多样性最突出的中心。在珊瑚三角区的605种硬珊瑚中，鸟头半岛被记录在案的已有574种；有些珊瑚礁每公顷能养活280个物种。[34] 相比之下，整个西大西洋和加勒比海地区只有大约100种硬珊瑚。鸟头半岛西部的四王岛拥有世界上最多种类的珊瑚——共有553种。[35] 这在全世界的海洋中是无可匹敌的，这使得保护该地区变得非常重要。

欧洲人在19世纪首次探索四王岛。阿尔弗雷德·拉塞尔·华莱士爵士就是在这个地区收集鸟类毛皮的，他可以通过贩卖鸟类毛皮来资助自己的研究。华莱士所处时代的科学家们专注地研究陆地上的物种的分布，而忽视了海洋生物。然而，在19世纪早期到中期，当包括华莱士在内的欧洲人探索鸟头半岛时，他们注意到许多常见的珊瑚礁鱼类，并给它们命名。这些鱼类包括广泛分布在印度洋-太平洋海域的物种，如黑尻鲹（*Caranx melampygus*）、污翅真鲨和半环刺盖鱼（*Pomacanthus semicirculatus*）。在这最初的探索活动之后，外界基本上遗忘了这个半岛。这一命运的转折可能也是它的幸运之处，当几个世纪后的现代科学家开始探索该地区时，他们发现了一片原始海洋，那里遍布丰富的原始珊瑚礁和不为人知的物种。

格里·艾伦博士和马克·厄德曼博士对《鸟头半岛》（"Bird's Head"）中鱼类的记录做出了特别巨大的贡献。2013年，我有幸与这对充满活力的情侣一起潜水，他们继续详尽地盘点着鸟头半岛的珊瑚礁。艾伦博士于1998年首次对四王岛进行了现代水下科学观测，并在随后的几年里多次返回这里。到2009年他们公布珊瑚礁生物清单时，他们已经记录了1511种珊瑚礁鱼类。[36] 而目前这里被发现的鱼类已经超过了1800种，并且这个数目还在不断增加。四王岛被流经印尼群岛并进入太平洋的各种洋流环绕，这些洋流给该地区的海水带来了丰富的营养。此外，四王岛的栖息地类型十分多样，这促使更多的物种在这里栖息，从而极大地提升了该地区的生物多样性程度。

印度尼西亚西巴布亚岛北岸的天堂鸟湾无疑是我到过的世界上最荒凉的地区之一。森林茂密的山脉跌入辽阔而平静的水域，小村庄点缀着海湾。游客必须尊重当地人对这些未开发水域的所有权，他们需要获得当地人的许可才能在这些地方潜水。我第一次来这里的时候，当地的国家公园护林员留在我的潜水船上以协助交流。我不知道究竟是他的无心之失还是因为沟通不畅，他带我们去了一个本应避开的村庄。我们在潜水结束后狼吞虎咽地吃午饭时，听到外面传来一阵骚动声。我们冲了出去，发现4个赤膊上阵的巴布亚人挥舞着大砍刀，眼中充满愤怒。因为我们没有申请潜水许可，他们大发雷霆，毕竟在他们看来，我们实际上是非法入侵者。我花了一些时间来解释误会并安抚他们。幸运的是，在这个星球上偏远的角落，冰镇可乐并不容易买到，我们拿出的可乐多少让他们感到安慰。他们划着独木舟从几千米外的村子赶过来，所以我们给了他们一些燃料以表达我们的歉意，因为他们的燃料早就用完了。

天堂鸟湾是海洋生物学家的梦想之地。这是一个罕见的通过隔离来说明演化的例子，这也被称为"分区物种形成"，达尔文认为这是陆生动物新物种形成的最常见来源。就像加拉帕戈斯群岛与大陆隔离，物种在那里演化以适应当地环境一样，天堂鸟湾提供了一个几乎自给自足的生态系统，允许高度特有种存在。特有种指一种生物在特定的地理区域内是独一无二的，在本例中特定的地理区域是天堂鸟湾，尽管我们也可以说这些生物是印度尼西亚所特有的。在500万~200万年前，当大块陆地漂洋过海到达这个面积接近150万公顷的巨大海湾时，天堂鸟湾就与太平洋隔绝了。[37] 这些陆地可能没有形成一个完整的物理屏障，但它们的存在足以改变进出海湾的洋流。如果没有这种洋流，海湾内的种群就会与海湾外的种群完全隔离，并随着时间的推移适应海湾内的环境。

在天堂鸟湾潜水会让你感觉很奇怪。虽然表面上看，这里的珊瑚礁与西边四王岛的许多珊瑚礁一样，但栖息在此的生物大多是外来的。亮蓝色和白色相间的帕氏金翅雀鲷（*Chrysiptera pricei*）、粉色和黄色相间的橘吻绣雀鲷、米色和黄色相间的马氏金翅雀鲷在这里随处可见，但在地球上的其他地方人们却看不到它们的踪影。沿着珊瑚礁斜坡往下潜，漂亮的印度尼西亚丝隆头鱼（*Cirhilabrus cenderawasih*）生活在水下18米左右的茂密珊瑚区。雄鱼身体一侧令人惊叹的黄色条纹和黑色斑点让潜水员在相当远的地方就能注意到它。令人惊讶的是，这些鱼一直默默无闻，直到2006年科学家首次探索该海湾时才发现它们，在此之前西方科学界对这些鱼一无所知。至少有14种珊瑚礁鱼类只在这个海湾里被发现。在如此小的区域里，科学家发现的物种比预期的多得多。随着进一步的探索，肯定会有更多的新物种涌现。

当下潜到休闲潜水的极限深度（27米左右）时，天堂鸟湾的另一个古怪之处便显露了出来。海湾的地形结构意味着，在有限的区域内，珊瑚礁所在的海底缓缓地向深渊倾斜。可不同寻常的是，这里的海底在一段平缓地倾斜后急转而下。在几次冰河期，水位先下降，然后又在数千年后上升，于是浅层珊瑚礁上的栖息地不断消失，许多物种在当地灭绝。当海平面再次上升时，海湾与外

界缺乏交流，这意味着空缺的生态位无法被迁移物种填补。似乎深水物种反而抓住了这个机会，向上移动到浅水区填补了一些生态位。因此，在天堂鸟湾潜水时，你有可能看到迷人的美丽月蝶鱼、伦氏拟花鮨（*Pseudanthias randalli*）和柏氏蝴蝶鱼（*Chaetodon burgessi*）等鱼类，它们在此生活的水域比同类在世界上其他地方生活的水域浅得多。

　　鸟头半岛三大区的最后一个区域是海神湾。它位于巴布亚南海岸四王岛的东南部，这一地区是另一个盛产特有物种的地区。2006年，科学家们组织了一次探险，发现了许多新物种和本土物种，如贾氏宽鮗（*Manonichthys jamali*）、大斑副唇鱼（*Paracheilinus nursalim*）和一种独特的行走鲨鱼——印度尼西亚长尾须鲨（*Hemiscyllium freycineti*）。最主流的理论认为海神湾附近高度特有种的产生与流入海湾北部和南部海洋的两条大型淡水河有关。与天堂鸟湾的陆地阻塞口相似，来自河流的淡水对海

上图： 贾氏宽鮗，2007年获得物种描述。摄于印度尼西亚西巴布亚岛，海神湾

对页上图： 雄性伦氏棘花鮨。摄于印度尼西亚西巴布亚岛，天堂鸟湾

对页下图： 柏氏蝴蝶鱼。摄于印度尼西亚西巴布亚岛，天堂鸟湾

湾中的海洋生物起到了屏障的作用。由于被困在这些不适宜的栖息地，其中的动物只能通过演化来适应当地的环境。

行走鲨鱼（或称肩章鲨）是在新几内亚和澳大利亚北部海岸发现的一个有趣的类群。顾名思义，它们最喜欢的运动方式是行走而不是游泳。它们用适应了的胸鳍在暗礁浅滩爬行并捕食猎物。由于它们生活在浅水区，不会游过深水区或不适合的栖息地，因此很容易产生隔离。新几内亚的海岸线附近至少演化形成了6种行走鲨鱼。[38] 在鸟头半岛的3个区域中，每个区域都有1种独特的行走鲨鱼，在东边的巴布亚新几内亚还有另外3种行走鲨鱼。随着进一步探索，科学家们沿着新几内亚海岸很有可能发现更多的物种。

我在鸟头半岛有了一些最意想不到的发现，并体验了珊瑚礁的丰富多彩。我被如此密集的鱼群包围着，以至于无法看见几米外的潜伴。我在天堂鸟湾和海神湾都见过海里最大的鱼——巨大的鲸鲨，在四王岛也见过世界上最小的鱼之一——萨氏海马。这里确实是世界上一个特别的角落。

对页上图：印度尼西亚长尾须鲨。摄于印度尼西亚西巴布亚岛，拉贾安帕

对页下图：迈克尔长尾须鲨（*Hemiscyllium michaeli*），2010年获得物种描述。摄于巴布亚新几内亚米尔恩湾

下图：施氏烟管鳚（*Chaenopsis schmitti*）。摄于加拉帕戈斯群岛圣克里斯托巴尔

珊瑚三角区之外

　　从珊瑚三角区之外到珊瑚三角区的边缘地带，你会看到有着独特生物组合的珊瑚礁。与珊瑚三角区里的珊瑚礁相比，这些珊瑚礁在生物多样性上似乎程度相对较低，但每个区域的珊瑚礁都为全球珊瑚礁生物的多样性做出了贡献。例如，加拉帕戈斯群岛的珊瑚礁的物种数量是珊瑚三角区同类珊瑚礁物种数量的10%，但这些外围珊瑚礁上往往生活着许多独特的本土生物——加拉帕戈斯群岛近20%的海洋生物在地球上其他地方都未被发现过。特有种数量最多的地区是东太平洋的各个孤立岛屿、位于加利福尼亚半岛南部的墨西哥下加利福尼亚州、夏威夷、加拉帕戈斯群岛和红海等地区。[39] 尽管这些地区的本土物种所占比例很大，但它们的物种都远远少于珊瑚三角区的，后者拥有众多本土特有物种并且生物多样性程度高得惊人。

上图：以藻类为食的海鬣蜥。摄于加拉帕戈斯群岛费尔南多岛

对页上图：红海的纹带拟花鮨（*Pseudanthias taeniatus*）。摄于埃及

对页下图：这种大堡礁荷包鱼（*Chaetodontoplus conspicillatus*）只在澳大利亚中部、新喀里多尼亚和豪勋爵岛东部的亚热带珊瑚礁中发现。摄于澳大利亚豪勋爵岛

上图：哈氏尖吻鲀（*Oxymonacanthus halli*）。摄于埃及

左上图：格氏异齿鳚（*Ecsenius gravien*）。摄于埃及

右上图：黑纹稀棘鳚（*Meiacanthus nigrolineatus*）。摄于埃及

　　我对世界各地的珊瑚礁探索得越多，就越能欣赏各种各样的珊瑚礁，以及理解它们是如何拥有独特的定义属性的。例如，看到大群亮橙色的拟花鮨、繁茂的珊瑚和令人不可思议的蓝色水域，我能立即识别出来这是红海的珊瑚礁。红海是一个反差极大的地区，那里的年平均降雨量不到1厘米，在它周围异常干旱的土地上几乎没有植物生长。但是，在这片尘土飞扬的干枯之地突兀地存在着一片蔚蓝的大海，海里遍布着比画家的调色板还要丰富多彩的生物。红海的珊瑚礁没有受到荒凉的陆地景观的影响，但是受到上述条件的

62

影响：令人目眩神迷的蓝色海水是非常有限的降雨的结果，同时因为没有淡水流入阻碍珊瑚的生长，珊瑚几乎完全包围了陆地的海岸线。

我最喜欢在红海潜水的原因是，那里13%的鱼是地球上其他地方所没有的。在过去的几百万年里，随着海平面的波动，红海被南部的陆地屏障阻断了。[40] 它是地球上含盐量最高的水体之一，其高盐度推动了其居民的演化和适应。这一地区特有的物种是云团般聚集的红色小型拟花鮨鱼群、引人注目的黄顶拟雀鲷（*Pseudochromis flavivertex*）和有亮橙色和绿色斑点的哈氏尖吻鲀——它们四处游荡，以珊瑚虫为食。

在红海，另一个吸引人的演化范例是稀棘鳚属的有毒的黑纹稀棘鳚。稀棘鳚的亲戚遍布世界各地的珊瑚礁。它们擅长快速撕咬，潜在的捕食者知道要避开它们，所以它们基本上可以在珊瑚礁上自由活动而不用担心受到攻击。它们拥有特权地位，这也让其他想要拥有这一地位的鱼十分嫉妒。黑纹稀棘鳚是红海特有的物种，有着独特的体色：头部为蓝色，条纹为黑色，身体的后半部分为黄色。红海中的捕食者知道要避开这些颜色，因此，如果其他鱼类想成功地蒙蔽潜在捕食者的眼睛，它们就需要模仿同样的体色。[41] 一种无毒的鳚通过模仿有毒的黑纹稀棘鳚的体色，得以在白天在洞穴外以海藻为食，而不用担心捕食者。短带鳚也通过模仿黑纹稀棘鳚的体色来接近它们的猎物：捕食者会避开短带鳚，而短带鳚的猎物不怕稀棘鳚，所以它们不担心稀棘鳚靠近自己，这样模仿者短带鳚就可以非常接近猎物，然后突然咬一大口。有趣的是，我发现，因为红海中的正牌稀棘鳚是多种多样的，所以它们的所有模仿者都必须不断演化以继续模仿它们来获益。

亚热带珊瑚礁

由于渴望了解另一种类型的珊瑚礁生态系统，我探索了位于日本东京以南约290千米、偏远的伊豆群岛的亚热带珊瑚礁。与在印度尼西亚隐蔽的岛屿周围平静的水域中潜水相比，在这种高纬度珊瑚礁附近潜水往往面临更加不利的条件。为了到达入口，我必须带

上全套潜水装备，从一个陡峭的斜坡下到海里，迎面就是汹涌的海浪。我一只手抓着绳子，另一只手拿着相机，那一刻我很后悔：应该去参观京都令人惊叹的寺庙，而非来这里。当我安全潜下去后，清澈而又异常平静的海底露出了美丽而平静的斜坡地形。这里硬珊瑚很少，但有很多海绵、柳珊瑚和软珊瑚，海藻比热带珊瑚礁的海藻更占主导地位。

许多古怪的生物把这些日本珊瑚礁当作家。玉鱼，或者说绣蝴蝶鱼（*Chaetodon daedalma*），是日本伊豆群岛和小笠原群岛特有的鱼，它黑白相间的身体和明亮的水仙黄色尾巴令人惊叹。在潜水的过程中，我遇到了半纹月蝶鱼（*Genicanthus semifasciatus*）、珠樱鮨（*Sacura margaritacea*）、日本鳗鲇（*Plotosus japonicusis*）和八部副鳚（*Parablennius yatabei*）——这些都是该地区土生土长的物种。出乎意料的是，我还在33.5米深的地方发现了一只紧紧地抓着柳珊瑚的巴氏海马（*Hippocampus bargibanti*）。这一发现扩大了该物种的地理分布范围，从原记录的冲绳珊瑚礁向北移了几百千米。这只漂泊的海马在北部珊瑚礁的出现暗示了日本独特海洋生物产生的某些过程。

巨大的洋流横越太平洋并在撞击澳大利亚时分流。南太平洋环流以逆时针方向的运动推动海水穿过太平洋，冲击新几内亚，成为东澳大利亚洋流，并向南流向塔斯马尼亚岛；北太平洋环流随着黑潮向日本移动，它将海水从赤道向北推向日本，是太平洋上最大的洋流。洋流对海洋生态系统有重大影响，将温暖的海水和热带鱼带到你可能想不到的地方——日本北部。这股向北的水流也会对试图向南洄游的鱼

第64~65页：绣蝴蝶鱼和日本蝴蝶鱼（*Chaetodon nippon*）。摄于日本八丈岛

对页上图：珠樱鮨。摄于日本伊豆半岛

对页下图：日本鳗鲇（2008年获得物种描述）以及凸颌锯鳞鱼（*Myripristis berndti*）。摄于日本八丈岛

下图：巴氏海马。摄于印度尼西亚邦盖群岛

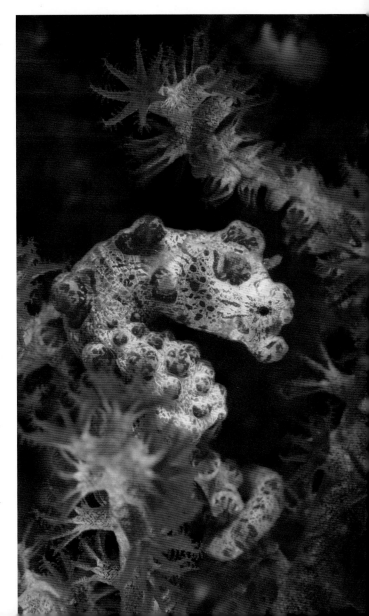

上图：八部副鳚。摄于日本伊豆半岛

类形成阻碍。由于它们实际上被隔离在日本水域中，洋流是它们向南移动的障碍，而北边是北极寒冷的极地水域，于是它们演化出了独特的形态。因此，日本珊瑚礁上有许多地球上其他地方不存在的特有海洋物种。

为什么珊瑚三角区生物多样性程度高？

毫无疑问，日本拥有迷人的珊瑚礁生物，但我在日本看到的物种比我在印度尼西亚潜水时看到的少得多。关于珊瑚三角区生物多样性程度高的原因还存在一些争论，但有3个主要理论可以解释为什么全球海洋生物集中在这一区域。[42, 43]

第一个解释珊瑚三角区生物多样性程度高的理论是，该地区是一个"物种工厂"，许多新物种在这里被创造出来。与其他地区相比，这个特点将进一步提高该地区整体上的生物多样性程度。珊瑚三角区至少在过去3800万年里经历了地质不稳定的变化，沿着印度尼西亚南部的小巽他岛链（巴厘岛、科莫多岛、弗洛雷斯和阿洛群岛的所在地）潜水能发现这一点。[44] 你在潜水时，在地平线或海平线上看到3座冒烟的火山并不稀奇。这里的坦博拉火山于1815年爆发，这是历史上有记载的最大规模的火山爆发之一。这次火山爆发的规模非常大，导致当年全世界的农作物歉收。该地区不断变化的地理环境驱动了新物种的演化，原因是该地区的种群相互隔离，同时种群所处的环境也被改变了。

考虑到演化过程历时数百万年，我们必须记住，我们看到的只是地球今天的一张快照。200万年前，珊瑚三角区的地貌肯定有很大的不同。像今天的天堂鸟湾和海神湾这样与当地生态几乎隔离的地区，在地质历史中可能曾多次出现过。演化过程对某个特定的海湾或海岸线施加了魔法之后，在那里演化的新物种最终可能扩散到珊瑚三角区的其他地区，增加其他地区的生物种类并提高生物多样性程度。

第二个解释珊瑚三角区生物多样性的理论是孤立的演化。虽然孤立的演化确实发生在海洋环境中（我在这里强调过几个例子），但它发生在海洋中的概率比发生在陆地上的小得多。阿尔弗雷德·拉塞尔·华莱士爵士描述了一条贯穿印度尼西亚的理论上的分界线——华莱士线，并解释了亚洲动物和澳大利亚动物的过渡。在这条线的西边坐落着苏门答腊岛、爪哇岛和婆罗洲岛，这些岛屿在冰河时代与亚洲大陆相连。老虎、猩猩、犀牛和猴子在亚洲森林中漫步。而在这条线的东边，它们明显消失了，取而代之的是我们倾向于认为是澳大利亚本土生物的各种动植物，比如有袋动物、凤头鹦鹉以及桉树。苏拉威西岛位于这条线的东边，但这里居住着有趣的亚洲猕猴、眼镜猴，以及澳大利亚凤头鹦鹉和袋貂。这个岛屿的地质起源是混合的，其中一部分是从亚洲和澳大利亚大陆漂来的，但生物地理学家仍在争论该岛动物的起源。

在水下，华莱士定义的分界线在解释物种的地理分布方面没有那么重要。新几内亚和澳大利亚的行走鲨鱼被限制在适宜栖息地内，这解释了它们的分布范围，但绝大多数的鱼是不受限制的——

数量惊人的珊瑚礁鱼类喜欢从东非到太平洋的所有珊瑚礁。它们的幼鱼可以随着洋流漂流数周或数月，这使得它们扩散到很远的地方，甚至可以到达最偏远的珊瑚礁。

　　丝鳍圆天竺鲷（*Sphaeramia nematoptera*）是珊瑚礁上一种引人注目的鱼，它有红色的眼睛、黄色的脑袋、黑色的"腰带"和带有斑点的后半身。从印度尼西亚西部的爪哇到太平洋中部的汤加，到处都能看到这种鱼。和几乎所有的其他天竺鲷一样，丝鳍圆天竺鲷是由雄鱼照顾的口孵鱼：雄鱼将受精卵放在嘴里孵化，孵化出的鱼苗和幼鱼会随着洋流漂流。年轻的丝鳍圆天竺鲷在珊瑚礁上安顿下来之前，要在洋流中度过相对较长的24天。这样洋流可以将它们带到相对较远的地方，因此它们的地理分布很广。

　　与丝鳍圆天竺鲷外表相似的考氏鳍天竺鲷（*Pterapogon Kauderni*）提供了很好的例证，证明了幼鱼在洋流中的漂流时间对物种

上图：考氏鳍天竺鲷。摄于印度尼西亚苏拉威西岛，伦贝海峡

对页上图：丝鳍圆天竺鲷。摄于印度尼西亚苏拉威西岛，瓦卡托比

对页下图：野生的菲律宾腭竺鱼（*Foa fo*）正在产卵。摄于印度尼西亚苏拉威西岛，伦贝海峡

分布十分重要。考氏鳍天竺鲷天然存在于印度尼西亚的一个小岛群——邦盖群岛。这个群岛的面积只有美国康涅狄格州面积的2/3。[45] 考氏鳍天竺鲷的特征是白色身体上有鲜明的黑色条纹，腹鳍、臀鳍和尾鳍上有白色斑点。与丝鳍圆天竺鲷不同的是，考氏鳍天竺鲷有一种独特的孵育方式。雄鱼只能含40~50枚大型卵，这比其他天竺鲷能孵出的卵少得多——其他天竺鲷能孵化出数千枚小型卵。雄性考氏鳍天竺鲷要含19~20天才能将卵孵化，然后幼鱼要在雄鱼嘴里再待10天。[46] 在这段漫长的父系孵育期间，幼鱼能

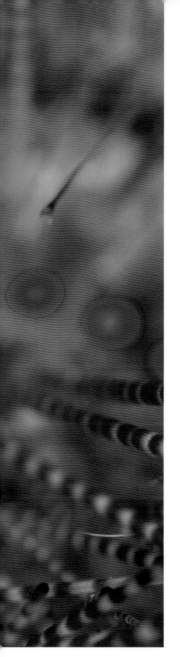

够发育完全，长成父母的微缩版。

　　我曾经在一次潜水时观察和拍摄到了一条正在孵育的雄性考氏鳍天竺鲷，最吸引我的是看到好奇的幼鱼争先恐后地从它们父亲的嘴里向外看我。因为孵育方式先进，考氏鳍天竺鲷跳过了随洋流发育的阶段。它们从卵中孵化并获得自由后，立即在海胆等有防护力的家园周围聚成一群，并在海胆的长刺中藏身，随后转入珊瑚礁。因为邦盖群岛周围都是无法穿越的深水，该物种并没有自然地扩展到邦盖群岛之外。

　　我曾几次有幸看到引人注目的考氏鳍天竺鲷，但我从未去过邦盖群岛。在20世纪90年代中期，水族馆对这些鱼有巨大的需求。2000年，人们在伦贝海峡发现了一个小群体的考氏鳍天竺鲷。伦贝海峡是印度尼西亚东北部的兰贝岛和苏拉威西岛之间的一个潜水胜地。这些考氏鳍天竺鲷被认为是在贸易运输过程中逃脱并本土化的。在伦贝海峡，它们的数量成倍增长，如今非常丰富。几年后，它们又出现在巴厘岛西北部，这很可能是由休闲潜水员放生的。因为在2017年，第一批考氏鳍天竺鲷被带到安汶岛附近放生，那里是印度尼西亚中部的潜水胜地。由于缺乏天敌，非本土的考氏鳍天竺鲷数量激增，对本土物种产生了潜在的影响。虽然很难知道它们大量涌入所造成的长期影响，但你不用费力就能找到其他入侵生物造成大范围破坏的例子。讽刺的是，这些鱼在原产地邦盖群岛的自然种群继续受到不利影响。据报道，由于水族馆的贸易需求，那里的考氏鳍天竺鲷已经减少了90%，被列为濒危物种，而且还在继续减少。

珊瑚三角区生物多样性程度高的最后一个理论解释是，在亚洲的群岛中，来自印度洋和太平洋的许多物种的地理分布范围重叠，导致它们共存的地方生物多样性程度更高。虽然珊瑚三角区生物多样性程度高的真正原因可能是几个因素的集合，但主要原因还是要归为不同岛屿提供的栖息地类型的巨大变化。不同的栖息地形成不同的生物种群。

人类的影响

我们知道世界上海洋生物多样性程度最高的地区是珊瑚三角区，但情况并非总是如此。在过去的5000万年中，主要的地质构造事件至少3次改变了生物热点地区的位置。[47] 欧洲西南部曾经是世界上珊瑚礁最丰富的地方。虽然像地质构造事件这样的自然事件可以影响珊瑚礁及其居民的生存，但人类活动目前正胁迫着珊瑚礁生态系统发生前所未有的变化。

鉴于珊瑚三角区程度高得惊人的生物多样性，全球应当优先考虑珊瑚三角区的保护。即使在今天，仍有几十种新的鱼类、甲壳类动物、珊瑚和棘皮动物在该地区的珊瑚礁上被发现——每一种都对其环境的机制和健康至关重要。新物种可能出现在最让人意想不到的地方。有些一直藏在我们的眼皮底下，还有一些只是惊鸿一现。我们还有很多东西要了解，要想在永远失去机会之前见到未被发现的生物，我们必须保护世界各地的珊瑚礁。

对页：雄性考氏鳍天竺鲷用嘴孵着它的幼鱼。摄于印度尼西亚苏拉威西岛，伦贝海峡

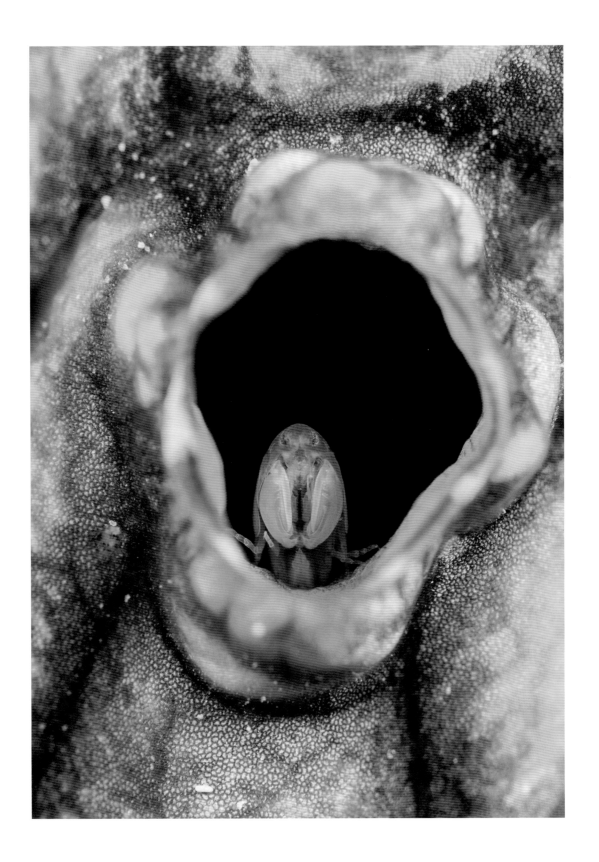

第四章

21世纪的新发现

作为世界上最大的休闲潜水组织，专业潜水教练协会（PADI）自1967年成立以来，已经在全球范围内颁发了2500多万份潜水证书，并将向公众推广潜水运动，这让我们成为第一批能够借助水肺自由探索世界浅海的人。在20世纪50~70年代，潜水服、脚蹼和浮力控制装置被商业化开发，由此普通民众有机会将水肺潜水作为一种爱好。海军创造了一些减压算法和减压表格来避免潜水新手得减压病，于是水肺潜水开始流行起来。这些技术进步为潜水新手打开了进入这一全新领域的第一扇门。在过去的20年里，PADI每年认证的潜水员近100万名。

突然之间，我们可以自由探索从海平面到40米深的浅海（免减压休闲潜水范围）。以前，研究者依赖潜水器、早期笨重的潜水钟或功能有限的面具亲自进行海洋勘探。进行海洋生物调查时，他们通常使用巨大的拖网捕鱼，或者使用炸药将鱼炸死，让它们的尸体浮到水面。

大约在25年前，休闲潜水界的观念发生了转变。特别是在珊瑚三角区丰富的珊瑚礁周围，人们开始发现奇异的和以前不为人知的动物。他们还开始突破界限，避开珊瑚礁，转而在世界上最富饶的海域探索其他浅水栖息地。在20世纪80年代和90年代，澳大利亚

对页：未进行物种描述的片脚类动物，守卫着一种名叫Polycarpa的被囊动物。摄于印度尼西亚西巴布亚岛，拉贾安帕

人鲍勃·霍尔斯特德和美国人拉里·史密斯开创了一种不同寻常的新式潜水——"垃圾潜"。潜水者曾专注地在珊瑚礁上寻找生物而避开沙质斜坡和泥泞的海底栖息地，而如今，霍尔斯特德和史密斯在探索这些栖息地时发现了种类繁多、奇异且迷人的生物。

"垃圾潜"听起来不那么好听，实际上是一种引人入胜的寻宝活动。乍一看，平淡无奇的淤泥海底似乎没有为动物提供很多藏身之处，但点缀在淤泥上的小石块、软珊瑚和木头像磁铁一样吸引着海洋生物。小型鱼类和许多生物的幼体在这样的地方度过它们生命周期的一部分。它们在小东西周围寻求庇护，这反过来吸引了捕食者。随着时间的推移，一个群落发展起来。小岩石中生长着海鞘、海绵和水螅，然后"伪装大师"们也在此栖息。色彩鲜艳的躄鱼模仿着不同颜色（红色、橙色或夹杂其中的紫色）的海绵。不同种类的剃刀鱼可能选择把自己伪装成树叶、橙色的海绵、绿色的仙掌藻、红色的珊瑚藻或黑色的海百合。

这些生物通常在中性色调的掩护下生活并适应环境。在一个米黄色的区域里，一簇簇鲜艳的颜色吸引着潜水员。尽管我们稍后会了解到，这些生物的视觉与我们人类的截然不同，很可能它们看到的东西也不一样。"垃圾潜"在20世纪90年代末首次大规模出现，从那以后，水下寻宝活动得到了广泛的推广。

公民科学

"垃圾潜"让潜水者行动起来，他们开始发现大批新的小型神秘动物。一旦潜水员知道去哪里找和找什么，他们就会继续找到更多动物。这些动物中有许多是如此的微小和脆弱，以至于它们永远不会被使用传统的海洋生物调查方法的研究者发现。在某些地区，特别是印度尼西亚和菲律宾，潜导有专业知识，知道在哪里可以找到特定的动物，以及它们的栖息地偏好的细微差别。这些潜导比那些在大学或实验室中进行分类工作的科学家更善于发现动物，因为

左下图：幼年白斑躄鱼（*Antennarius pictus*）。摄于菲律宾内格罗斯岛，杜马格特

右下图：潜水员和白斑躄鱼。摄于印度尼西亚苏拉威西岛，瓦卡托比

他们能够在天然海洋中看到这些动物的活体。

我认为休闲潜水者在推动扩大生物探索的地理边界上有一定的功劳，因为他们天生渴望扩展自己的视野，探索新的深度。这项活动增加了被调查的珊瑚礁的数量，即便休闲潜水者只是使用临时的公民科学方法论。我第一次去巴布亚新几内亚是在1999年7月。当时，"垃圾潜"在潜水界刚刚开始出名，而我只潜水了大约250次，刚刚开始对看到丰富多样的海洋生物产生兴趣。我还清楚地记得，一名潜导带着客人潜水归来，客人叽叽喳喳地谈论着他们刚刚发现的侏儒海马。在他们给我们看的短视频中，在红色的柳珊瑚上有一只疙疙瘩瘩的粉红色小海马。这是我第一次看到这种动物的图像，它们让我难以忘怀。这些小鱼生长到最大的时候，可以达到2.5厘米长。潜水员才刚刚开始意识到，他们去哪里才能找到这些迷人的生物。又过了3年，我才亲眼见到这些动物，7年之后我才开始攻读博士学位，研究它们的生物学和行为学特征。

物种命名

随着新物种的不断发现，保证规范的物种鉴定是至关重要的。即使你是第一个发现新物种的人，你也不一定能选择它的名称。正如几个世纪以来的情况一样，生物学在很大程度上依赖双名命名法。双名命名法有助于减少常见俗名造成的混淆。例如，魔鬼蓑鲉（*Pterois volitans*）有红狮子鱼、普通狮子鱼、火鸡鱼和华丽蝴蝶鳕等常见的名称。它的独特的由两部分组成的拉丁学名消除了任何引起混淆的可能性，并确切地阐明了所提及的物种。

《国际动物命名法》规定了新物种的命名方式，但给动物命名是一个相当复杂的过程，通常只有经验丰富的分类学家才能完成。[48] 给新物种命名的第一步是收集正模标本，这是整个物种的标本标识。正模应该是该物种的典型代表，具有将该物种与其他物种区分开的所有关键特征。研究者可能还会收集副模标本，这些标本提供了正模标本可能没有表现出来的附加特征。例如，副模可能与正模性别不同，或者是具有不同特征的幼年型，也可能有不同的颜色。收集副模标本将有助于随后的物种鉴定。正模和副模标本都必须存放在博物馆里，为子孙后代保存下来，以便未来的科学家在需要时进行研究。

接下来，分类学家必须起草一份新物种的书面描述，说明它与其他相似和近缘物种有何不同。这些差异可以是解剖学上的、遗传上的或者行为上的——通常是三者的结合。人们将鱼鳍作为判断新物种的标准是颇为主观的，这可能造成问题。动物种群存在大量的个体差异。例如，个体的颜色可以在物种的范围内变化。那么，我们如何知道这些差异是物种的差异或仅仅是地域差异呢？就鱼类而言，可数性状是极有价值的。这些都是可计数的特征，比如某个鳍的鳍条（支撑鳍的坚硬细骨）的数量，或者鳞片的数量。即使一个物种已经被正式命名，如果新的数据动摇了它作为一个独特物种的地位，那么它也可能失去它的名称。

作为描述新物种的一部分，新的学名是必需的，它包括解释新学名起源的词源。一个学名不仅可以包含拉丁语的元素，还可以包含古希腊语和现代语言的元素，但是，它必须拉丁化，并且必须符合一定的语言学标准。科学家通常认为用自己的名字给一个物种命名很庸俗。最近，命名权被拍卖以资助保护工作，一些分类学家同样认为这是不合适的。但在我看来，科学资助十分有限，任何有利于获取资金的创造性方法都值得尝试。

每个物种的学名都必须是唯一的。任何新物种都很可能有近亲；如果关系足够近，它们就属于同一个属。例如，我们人类也叫智人，属于人属。直立人和能人被认为是人类的近亲，应该和人类归于同一个属。在生命树上，南方古猿是人科中另一个与人类密切相关的属，因为与人类差异较大，所以不归于人属。每个属内不同物种的种名必须具有唯一性，但相同的种名可以用于几个不同的属。例如，种名"*cyanopterus*"（来自希腊语中的"kyan"和"pteron"，意思是"蓝色斑点"）在"*Solenostomus cyanopterus*"（蓝鳍剃刀鱼，英文名robust ghost pipefish）和"*Meiacanthus cyanopterus*"（蓝鳍稀棘鳚，英文名bluefin fang blenny）中都有使用。

有时，科学家在给一个新物种命名的时候会开个小玩笑。

我最喜欢的是一种章鱼的名称，这种章鱼在2006年被命名为"*Wunderpus photogenicus*"（意为"极其优秀的章鱼"，中文学名为斑马章鱼）。在出版物中，拉丁学名必须不同于文本的其他部分。因此，如果正文的字体是正体，那么拉丁学名应该用斜体表示，反之亦然。在手写的书稿中，拉丁学名需要加下划线。按照惯例，属名的首字母要大写，而种名要小写。

给新物种命名的下一步是在国际上公开发表的刊物中发表描述性论义。过去，这类刊物通常是纸质的科学类杂志，但近年来在电子杂志上也可以发表新物种的描述性论文。给一个新物种命名涉及所有的科学结构和术语，这项工作通常由对所涉及的类群具有专业经验的分类学家来完成。如果科学描述包含尽可能多的生物或自然历史信息，那么这对实地考察的科学家来说是非常有价值的。即使是撰写物种描述性论文的分类学家，往往也未曾见过活的标本或到过采集标本的栖息地。采集标本的人需要收集这些信息并将其传递出去。许多物种可能在一段时间内不会再次成为研究的焦点，所以物种描述尽可能多地包含可用信息是非常重要的。

尽管有大量的新物种等待科学的描述，分类学仍然是一门缺乏研究经费的冷门学科。分类学家可以长时间工作，但面对一长串未被描述的物种时常常毫无进展。有些类群的物种非常丰富，研究它们的专业分类学家却很少，以至于有大量物种等待命名，裸鳃海蛞蝓（*Nudibranchia*）就是一个很好的例子。这一领域的专家相对较少，而热衷于探索世界海洋的潜水爱好者一直在发现新物种。

唾手可得的成果

裸鳃海蛞蝓是一类迷人而令人惊叹的动物。它们为潜水者所熟知，但在潜水圈之外就没有那么高的知名度了。这可能是因为它们被通俗地称为"海里的蛞蝓"，尽管这个昵称确实对它们不公平。它们和有翅膀的生物一样色彩丰富、物种繁多，因此更能令人联想到蝴蝶。"裸鳃"的意思是"裸露的鳃"，指的是许多物种背上的

对页上图： 2006年获得物种描述的斑马章鱼，用它的斗篷作为捕食网。摄于印度尼西亚科莫多岛

对页下图： 奇妙的章鱼"行走"。摄于印度尼西亚科莫多岛

上图：鲁德曼灰翼海蛞蝓（*Phyllodesmium rudmani*）模仿伞软珊瑚（*Xenia puertogalerae*），2006年获得物种描述。摄于印度尼西亚苏拉威西岛，伦贝海峡

鳃羽。它们激发了许多潜水者的想象力，不少人毕生致力于寻找和记录尽可能多的裸鳃海蛞蝓物种。

这个群体的生物多样性程度如此之高，以至于我们不确定到底存在多少个物种。而且，鉴于新物种不断涌现，应该还有很多新物种有待发现。近年来，裸鳃海蛞蝓的分类经历了一次巨大的变革，因为基因数据帮助重新确定了它们之间的关系。在基因革命之前，人们仅能通过它们独特的锉刀般的齿舌，从形态上鉴定物种。

正如许多热爱自然历史的潜水新手一样，我最开始关注的第一种海洋动物就是裸鳃海蛞蝓。我开始对发现的所有物种进行分类和记录。问题是，海蛞蝓可能非常相似，一个斑点的颜色或位置上的细微差异足以导致它们被鉴定成不同的物种。在我潜水生涯的早期，我通过拍摄照片来帮助识别。当然，在那些日子里，我一直在用胶卷拍照，所以要过几周或几个月才能真正看到某个动物的图像并确定其身份。因此，在拍摄的同时，我会在潜水板上画它的素描，并试图识别它。

现在我的关注点已经从裸鳃类动物转移到别处了，但它为我理解学名、寻找隐蔽的小型物种以及提高我对缓慢移动生物的微距摄影水平提供了极大的动力。即使在今天，我仍然会偶尔去探险，寻找一个特别令人惊叹或迷人的物种。

裸鳃海蛞蝓是自然界中最杰出的"伪装大师"之一，因此，有这么多的物种长期未被科学家发现是很合理的。2006年被命名为"鲁德曼灰翼海蛞蝓"的海蛞蝓，在未经训练的人眼中，与它赖以为生的伞软珊瑚难以区分。我区分海蛞蝓及其食物来源的唯一方法是仔细比较粉红色的珊瑚虫和裸鳃海蛞蝓的长附肢。当珊瑚虫有节律地打开和关闭触手以产生水流并捕获浮游生物时，海蛞蝓的裸鳃一直保持静止和关闭。

另一个堪称自然奇迹的物种是科尔曼巨幕海蛞蝓（*Melibe colemani*），它一直没有被发现，直到2012年才被命名。这种蛞蝓可以长达几厘米，除了一系列灰褐色的相互连接的消化腺导管外，它的身体是透明的。它与软珊瑚生活在一起，似乎用它的头罩状口盖从珊瑚虫身体上偷取食物。在科莫多岛的一次夜间潜水过程中，我偶然发现了3只这种神秘的软体动物。我几乎不敢相信我看到的是活生生的动物，因为我几乎不可能通过它的眼睛、感觉鼻管和嘴来区分它的头部。

尽管我的潜水时间很长，但最近在菲律宾我还是惊讶地发现了一种未被描述的裸鳃海蛞蝓。在菲律宾吕宋岛的一个名为阿尼洛（位于马尼拉以南，从马尼拉驱车数小时可达）的地方，我下潜到大约18米深的碎石斜坡上，在那里，一只霓虹灯蛞蝓正趴在一小堆海藻上觅食。这只海蛞蝓的形状很不寻常，但是具有*Thecacera*属的典型特征。它的背上伸出两只巨大的触手以保护它脆弱的鳃；两个肉质裂片包围着紫色的嗅角；它的体表呈现明亮的橘红色，有黑色条纹。我从未在潜水时看到过它，也没有在其他地方看过这

个物种的图片。和其他成百上千种裸鳃海蛞蝓一样，这种海蛞蝓还没有被命名。

一个新世界

多年来，我们已经在海洋中发现了超乎想象的迷人的新物种。海洋中体形最大的鱼类——鲸鲨——在1828年首次被发现，但是我们有关海洋的知识非常匮乏，到1986年仅有320条鲸鲨被记录在案。[49] 在过去的几十年里，随着我们对海洋的了解不断加深，我们已经在世界各地确定了许多鲸鲨聚集的区域。鲸鲨在墨西哥加勒比地区的尤卡坦半岛附近聚集得最密集，我们在18平方千米的海域内记录的个体达到了420条。有记录以来最大的鲸鲨长20米、重34吨，是公共汽车的2倍长、3倍重。

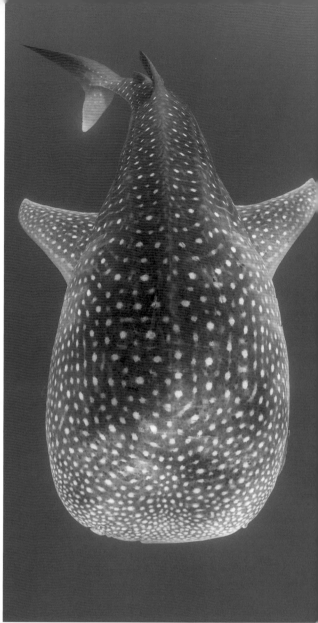

左上图：潜水员和鲸鲨。摄于印度尼西亚西巴布亚岛，天堂鸟湾

右上图：鲸鲨。摄于印度尼西亚西巴布亚岛，天堂鸟湾

很少有鲨鱼的身体总长度超过4米。1976年，一艘美国海军考察船偶然发现了巨口鲨，它的身长超过6米。此后的40多年里，人们发现巨口鲨的次数只有大约100次。作为一种滤食性鲨鱼（类似于鲸鲨），巨口鲨大部分时间都生活在大约150米深的海水中，以磷虾（一种小型浮游甲壳类动物）等浮游生物为食。[50] 然而，夜间，它们会跟随猎物垂直移动到12米深的海水中。2017年，一名潜水员在科莫多岛附近的浅水区拍摄到了一条活的巨口鲨。这种游动缓慢、行动笨拙的鲨鱼通体深灰色，有一张黏糊糊的大嘴巴。就像鲸鲨聚集在我们眼皮底下一样，随着对海洋的继续探索，我们可

以想象同样的情况也可能发生在巨口鲨身上。如果一条6米长的鲨鱼直到最近还能成功躲过人类的搜索，那么在海浪下还可能藏着什么呢？

进入21世纪以来，我们一直在探索全世界的浅海，在一些地区发现了极其丰富的新物种。我很幸运地花了职业生涯的大部分时间去探索印度尼西亚的偏远海域，这里是珊瑚礁新物种最丰富的地区之一，新发现的鱼类尤其多。这在很大程度上要归功于一些鱼类学家，他们把这个地区作为关注的焦点。

在印度尼西亚，我最喜欢的潜水地点之一是东努沙登加拉省

上图： 在水面觅食的姥鲨（*Cetorhinus maximus*）。摄于苏格兰内赫布里底群岛

上图：2010年获得物种描述的印度尼西亚长尾须鲨的头部细节。摄于印度尼西亚阿洛岛

的阿洛群岛。这里的岛屿组成了一条火山链，沿着印度尼西亚南部海岸延伸。在主岛阿洛岛的南海岸，印度洋的海水迅猛地流过岛屿之间的几条水道，富含营养盐的冷水从深处涌出。水流非常强劲，以至于我们这艘60米长的船被水流随意地推来推去。旋涡在此处形成，海面仿佛在沸腾，因为洋流与海面的风在碰撞和冲突。你能相信吗？这是一个可以潜水的神奇地方——只要你小心地在落潮时或背风的岛屿下潜。由于潜水大多在印度洋深处的上涌水中进行，所以18摄氏度的海水我们也不是没有遇到过，这比你想象的热带海域的海水冷得多。在热带海域，30摄氏度的海水更常见。

我忍不住颤抖，想知道自己是否应该缩短潜水时间。我看见我的长期潜伴温迪从一块巨大的珊瑚后面探出头来，招呼我过去。在那儿，她指着一条1米长的须鲨，它正像往常一样漫不经心地趴在沙地上。须鲨是一群神奇的伏击掠食者。它们一动不动地趴在海底，等待甲壳类动物或鱼类游到触"嘴"可及的范围内，然后突然

90

张开巨大的嘴巴，把猎物吸进去。体色棕色、斑驳的须鲨的嘴巴周围有一圈"流苏"，这些"流苏"在它们伏击猎物的时候有助于模糊它们身体的轮廓。须鲨属的物种主要分布在澳大利亚，但我当时在印度尼西亚，确确实实看到了一条。

　　幸运的是，我的一些博士朋友研究鲨鱼，此外我还在一次会议上遇到过一位顶尖的鲨鱼分类学家。那次潜水后，我很快把拍到的鲨鱼照片发给他，他告诉我这是新定种的印度尼西亚长尾须鲨，是他在2010年亲自命名的。我手里的照片是他所见过的仅有的几张活的印度尼西亚长尾须鲨的照片。我当时在它们先前记录的活动范围以东800千米处潜水，所以这一发现非常有价值。由于正模和副模标本是在鱼市上采集到的，所以科学家对它们的自然栖息地和生活中的体色知之甚少。缺乏关于动物自然行为和栖息地偏好的数据是新物种描述中的典型情况，这也再次证明了热爱科学的潜水员可以给科学界带来有价值的信息。

上图：拟态章鱼，2001年获得物种描述。摄于印度尼西亚桑朗岛

对页上图和下图：尚未进行物种描述的后颌䲢（*Stalix*属）。摄于印度尼西亚苏拉威西岛，伦贝海峡

印度尼西亚的另一个地方在过去的几十年里拥有特别丰富的新物种，这就是伦贝海峡。伦贝海峡以其黑沙栖息地而闻名，它是世界上黑沙栖息地的最佳范例之一，这使它成为世界各地“垃圾潜”潜水员心中的圣地。在该地区已发现的新物种中，有传说中的拟态章鱼。这种迷人的头足类动物于2005年在巴厘岛被发现过，但实际上它们的分布相当广泛。它们在伦贝海峡相对常见，但是人们对它们的生物学特征所知甚少。通常，你只能看到远处黑色沙丘上拟态章鱼盯着你的细长眼睛。它们很害羞，当你靠近时往往就消失了。在沙洞外观察它们的最好办法是在它们出没的时间把它们找出来，也就是在下午四五点钟，这时太阳开始落下。在一天中的这个时候，它们似乎更活跃，更不容易受惊。

拟态章鱼因其模仿其他生物的能力而得名。据说它们能模仿各种有毒的海洋动物，包括鳎类和蓑鲉，以及海蛇，这些动物都有黑白色或棕白色相间的条纹。[51] 这种拟态伪装为拟态章鱼在躲避捕食者时提供了优势。捕猎时，拟态章鱼通常会出现在空旷的黑色沙地，没有任何地方可以隐藏，因此拥有模仿这些有毒动物的能力是非常有利的。根据威胁的类型和具体情况，拟态章鱼会选择模仿某一种动物的行为和形态。

既然这里是珊瑚三角区，当然也有一种动物会利用拟态为自己谋利。后颌䲢是一类不起眼的小鱼，生活在洞穴里，只有头部露在外面。在伦贝海峡，人们发现了一种后颌䲢，这似乎是个新物种；这个物种很乐意离开洞穴外出冒险，或许是为了捕猎。最近人们发现这种后颌䲢和拟态章鱼有联系。[52] 后颌䲢隐藏在章鱼旁边，其相似的花纹充当了神秘的伪装。通过这种方式，后颌䲢可以离开安全的洞穴，到更远的地方觅食，而不用担心捕食者。毕竟，拟态章鱼可以伪装成一条有毒的蓑鲉，而后颌䲢身上的黑白斑点意味着它能天衣无缝地融入拟态章鱼的伪装表演。因此，这条鱼在模仿一条模仿鱼的章鱼——只有在珊瑚三角区才有这种非凡的演化。后颌䲢和拟态章鱼的关系似乎是偶然形成的，但未来的研究可能证明这种关系比我们目前意识到的更普遍。

上图：尚未进行物种描述的后颌䲁（*Stalix*属）。摄于菲律宾内格罗斯岛，杜马格特

我曾在兰贝岛亲眼见过几次这种尚未分类的后颌䲁，后来在菲律宾的一次夜间潜水中，我惊讶地看到了一条非常相似的鱼。它与后颌䲁长得很像，但大得多，趴在空旷的黑色沙地上的一个小洞里，很像它在伦贝海峡的亲戚。我和研究这个属的专家分享了这一发现，并得知我在菲律宾看到的这条鱼很可能代表了这一有趣类群中的另一个新物种。当有机会时，它是否也利用了拟态章鱼？这需要我们进行更多的观察。

自进入21世纪以来，珊瑚三角区还涌现了其他许多引人注目的、让人意想不到的新发现。2009年，安汶的潜水员偶然发现了一种非常奇怪的躄鱼。躄鱼的分类特征通常是它们前额伸出的长杆状诱器，诱器的末端有一个肉质的附属物（或者叫假饵）。根据被发现的栖息环境和躄鱼想吸引的猎物，假饵可以像虾或蠕虫。躄鱼挥动假饵，等一条倒霉的鱼靠得很近时，躄鱼就会张开嘴，眨眼之间把猎物吸到嘴里。

拟态薄鳖鱼（*Histiophryne psychedelica*）的不同寻常之处在于它没有假饵，而且它的脸又宽又平。这种神奇的鳖鱼有着引人注目的米色或粉色花纹，看起来就像海绵或珊瑚。它在生物学上的另一个不寻常的特点是，卵是在身体的一侧孵化的。就像幼年的考氏鳍天竺鲷一样，拟态薄鳖鱼的幼鱼在孵出时是成年鱼的微型复制品，这使它们无法跨越大洋，被迫困在安汶岛周围。通常情况下，幼鱼非常适应生命早期的远洋生活，因为它们很小，呈银色，游得很快；而成年鱼的身体已经演化到能够适应在珊瑚礁上久居的生活以及应对这种环境中的威胁和挑战。对大多数成年的鱼类来说，突然游到外海里无异于自杀。同样的情况也发生在这种拟态薄鳖鱼的幼鱼身上，因为它们也是父母的微型复制品。

这种神奇的拟态薄鳖鱼在潜水界引起了狂热，这种狂热一直持续到今天，因为它仍然极难被人们发现。可悲的是，有时某种动物像摇滚明星般受欢迎可能成为它将面临的最大的威胁之一。拟态薄鳖鱼吸引了来自世界各地的潜水者，他们只是为了看它一眼，拍张照片。我最近去该地区时，被告知人们发现了几条拟态薄鳖鱼，我们得到了详细的位置信息，这些信息通常足以让我们找到某种特定的生物。虽然这种鳖鱼伪装得很好，但我们是一群最善于观察的人，然而我们搜寻了好几个小时都没有发现。其实，当地人早已把拟态

上图，从上到下：白斑鳖鱼与伸出的假饵。摄于菲律宾内格罗斯岛，杜马格特

薄壁鱼关在珊瑚礁周围的小笼子里，只有他们知道笼子的位置。当潜水者来看这种动物时，当地人会直接把他们带到那里，把鱼放出来拍照，这样就不会明显暴露他们这种另类的谋利方式。我们小组的一些人后来在被几块石头遮挡住的一个简易铁丝笼子里发现了一条可怜的拟态薄壁鱼。

新物种可能出现在最令人意想不到的地方。沿着拉贾安帕物种丰富的珊瑚礁边游动，我专注地搜寻着任何能找到的微型生物。虽然这里是观看彭氏海马的绝佳地点，但一些更明亮的东西吸引了我的目光。在一只大型海鞘的进水管上，趴着一只看上去很好斗的小甲壳动物。尽管只有半厘米长，但是拥有红色眼睛和亮橙色身体的它不可能被我忽略。用肉眼看，这种动物很小，我分辨不出它的特征。幸运的是，潜水结束后我将拍到的照片放大，能够分辨出它是片脚类动物——一种微型甲壳类动物，但它不同于我以前见过的任何一种。

上图： 一种叫Polycarpa 的被囊动物中未进行物种描述的片脚类动物。摄于印度尼西亚西巴布亚岛，拉贾安帕

对页： 白斑蟹鱼。摄于菲律宾内格罗斯岛，杜马格特

屏幕上放大的图像显示，这只片脚类动物似乎正用一对螳螂腿般的附肢威胁我。我开始在互联网上搜索类似的物种，但对其"身份"一无所知。终于，我在网上发现了一只类似的动物——一个在同一地区新发现的物种。就在2015年，片脚类动物爱好者詹姆斯·托马斯博士描述了他发现的动物。这种片脚类动物被命名为*Leucothoe eltonti*，以英国音乐家埃尔顿·约翰爵士的名字命名，因为埃尔顿·约翰爵士是托马斯博士的最爱。[53] 我联系了托马斯博士，希望做个鉴定，结果发现我新发现的"朋友"不是*Leucothoe eltonti*，因为它生活在不同种类的海鞘中。也就是说，我有可能偶然发现了一个新物种。

托马斯博士对我发现的这只片脚类动物行为的解释很吸引人：这是一只雄性，在守卫着海鞘，海鞘里面住着产卵的雌性和幼体，幼体数量多达100只；在这种情况下，雄性片脚类动物调整自己

上图： 一群未进行物种描述的片脚类动物。摄于印度尼西亚阿洛岛

对页上图： 雄性澳洲叶海龙（*Phyllopteryx taeniolatus*）携带一窝卵。摄于澳大利亚塔斯马尼亚岛

对页下图： 潜水员和澳洲枝叶海龙（*Phycodurus eques*）。摄于南澳大利亚

上图：2004年获得物种描述的卢氏异骨海龙（*Iditropiscis lumnitzeri*）。摄于澳大利亚悉尼，植物湾

的位置以避开潜在的捕食者，同时在水从它身边经过和进入海鞘时滤食。显然，这种行为很少被记录下来——照片再一次证明了它的价值。

看向别处

在其他栖息地，随着专业的科研潜水员超越休闲潜水深度去探索更深的水域，他们有了一连串的新发现。中光带珊瑚礁位于45~150米深的温暖水域，仍然依赖阳光但又与浅层珊瑚礁不同的生态系统支持着一系列珊瑚、海绵和藻类生长。[54] 在这里人们发现了许多新物种，包括曾在夏威夷发现的一种美丽的小型花鮨，后来人们以美国奥巴马总统的名字为它命名。奥氏拟姬鮨（*Tosanoides obama*）是在2016年末在水深90米处被发现的。[55] 同许多来自这一深水区的鱼类一样，它是红色的。2017年在菲律宾，一种更低调的中光带鱼类拉氏罗蝶鱼（*Roa rumsfeldi*）被发现，它

的名称同样来自一位政治家。这条深水珊瑚礁蝴蝶鱼是为美国加利福尼亚州科学院的水族展览采集的，起初并没有被认为是一个新物种。但在展出后，水族馆的员工注意到了几个能够确定它的新物种地位的形态差异。[56] 在浅水珊瑚礁生物中，这些细微差异可能需要数年才能被人们注意到，因此在更深的珊瑚礁上，许多新物种肯定还不为人知。

不仅仅在珊瑚礁上，在海洋的其他区域也有值得称道的发现。在过去的几年里，海洋经常凭借令人惊叹和极具魅力的物种让我们兴奋。这些新物种的特点是体形小、善于伪装，或者是适应深水生活。由于地处偏远且受洋流的影响，南澳大利亚拥有与其面积不匹配的丰富的本土物种。其中最具代表性的本土物种是传说中的海龙。叶海龙和草海龙这两个物种是合颌鱼类（与海马有亲缘关系的鱼），长度在30~45厘米之间。2015年，第三种叶海龙被添加到花名册中——杜氏叶海龙（*Phyllopteryx dewysea*）。这种海龙

是依据在澳大利亚南部发现的4个保存完好的标本定种的，但在当时没有人见过活的个体。[57]

上图：四条阿氏蝠鲼（Mobula alfredi），包括一条黑色的"黑武士"个体，2009年被重新描述。摄于印度尼西亚西巴布亚岛，拉贾安帕

2016年，一支探险队前来观测这种神秘的鱼。两只成年杜氏叶海龙被一台携带微光摄像机的微型遥控潜水器拍摄下来。它们的栖息地与另外两个物种的截然不同，这也证实了人们的猜测，即杜氏叶海龙之所以长期未被发现，是因为它们生活在较深的水域。杜氏叶海龙是在45米深的沙质海底被发现的，那里有坚硬的基质，还有一些海绵、柳珊瑚和藻类。与它们的表亲不同，杜氏叶海龙有能卷住东西的尾巴。据推测，当风暴来袭时，它们栖息的裸露的南部珊瑚礁上的海浪会变得相当强劲，而适宜"抓握"的尾巴可以让它们在必要时抵挡住海浪的冲击。如果没有深水遥控潜水器的帮助，这些动物至今都无法被发现。

尽管悉尼是一个大都市，但直到最近，一种鱼才在悉尼附近的水域被发现。阿科斯·卢姆尼泽是当地一名狂热的潜水爱好

上图：阿氏蝠鲼的腹部。
摄于印度尼西亚西巴布
亚岛，拉贾安帕

者，1997年，他在悉尼机场航线的下方水域发现了伪装完美的悉尼侏儒海马。但直到2004年，这一物种才以他的名字获得了正式命名——卢氏异骨海龙。它只分布在城市两边的一小段海岸下，在那里，这种只有5厘米长的小鱼生活在岩石海岸的海藻中。因为与海马有如此多的共同特征，它可能是海马现存的最近的亲戚之一。

2015年底，我很幸运地得到了几名当地潜水员的协助，他们热心地想帮我找到这个小宝贝。我们去了位于悉尼市中心南部博特尼湾的秃岛进行岸潜。在南方的炎炎夏日里跋涉了相当长的一段路程后，我们终于下水了。但在下潜的过程中，我们很快就在冰冷的水中瑟瑟发抖。

能见度很低，我们只能看到面前很近的地方，所以我们必须紧紧地贴在一起，以免迷失方向。游了10分钟后，我们到达了一块岩石，在那里我第一次亲眼看到了卢氏异骨海龙。我花了好几秒

钟才从周围的海藻中辨别出它的轮廓。我发现过许多侏儒海马，它们的大小是卢氏异骨海龙的一半，但卢氏异骨海龙更难被注意到，因为它体表覆盖着一小簇拟态海藻，这使它与周围的真海藻融为一体。在我看来，它们是所有海龙科小鱼中最难被发现的。

通过与研究海龙科的同行交流，我听说了新西兰的另一种侏儒海马。发现这个新物种的潜水员最初认为它是海马，因为它与海马很像，但在命名的研究过程中，它被确定为花环杯海龙（*Cylix tupareomanaia*）。新西兰的发现也帮助人们厘清了另一个物种的鉴定结果：2009年在塞舌尔发现的一种鱼被误认为是海马，它实际上也是一种非常像海马的侏儒海龙。在花环杯海龙出现之前，人们没有完全弄清楚这两种动物的分类特征。

2017年12月，我来到新西兰，不愿错过亲眼看看这种新发现的花环杯海龙的机会。它非常小，非常神秘，只有极少数人看到过它，但我喜欢挑战。我驱车前往北岛的一处偏远海岸，6个月前这里曾出现过这种难以捉摸的鱼；当地潜店的老板带我去了那个潜点，让我自行其是。

为了寻找一条擅长伪装的小鱼，我在波涛中颠簸了50分钟，几乎要放弃了，但很快我又决定再坚持一会儿。终于，它出现了：小鱼抓住一片海藻，随着海浪猛烈地前后摇摆。潜水时间只剩10分钟了，我原地不动，细细品味观察到的每个细节。

第二潜时，我没找到那条小鱼，尽管一小时前我还知道它的确切位置。不过，第二天我还是在附近找到了一对：雄性的腹部明显因为怀了它们的孩子而鼓起来。在我观察它们的整整一小时里，两条鱼在不超过几厘米的距离内相互交流、共同狩猎。在这个物种还没有被命名的时候，能看到这种罕见的生物并观察到它的行为真的很幸运。到目前为止，它还未获得命名，但定种工作正在进行中。

基因革命

在过去的几十年里，由于相对便宜的DNA测序技术的出现，基因分析已经成为给新物种命名的基础。从形态上区分两种动物并不总是很容易，所以观察它们的DNA通常会有所帮助。也许两种动物看起来很相似，但其基因分化显而易见；反之亦然，长相迥异的动物有着几乎相同的基因序列。两个物种若表面上看起来相同，但没有杂交，实际上是不同的物种，它们就被称为"隐存物种"。这些类型的物种可能比我们曾经意识到的更常见。当然，分布广泛的常见物种实际上可能包括几个物种，其中一些物种可能种群规模很小，在我们没有意识到的情况下已经高度濒危了，这是相当危险的情况。通过对整个珊瑚三角区的珊瑚礁鱼类进行大规模分析发现，在141种鱼类中有79种显示出潜在的遗传多样性。[58] 例如，一些局部的颜色变化在珊瑚礁鱼类中很普遍，数据表明在许多情况下，物种存在显著的遗传变异和颜色变化。

与珊瑚礁相关的隐存物种藏在显而易见的地方，其最令人惊讶的案例之一发生在2009年。蝠鲼——一种大型海洋软骨鱼类——一直被认为是广泛分布在大西洋、印度洋和太平洋的一个单一物种。直到2009年，研究人员突然意识到，那些被认为是个体间自然差异的变异实际上是两个不同物种——双吻前口蝠鲼（*Manta birostris*）和阿氏前口蝠鲼（*Manta alfredi*）——的差异。[59] 它们在大小、颜色和形态上有细微的差异，基因分析证实了这些差异。基因分析表明，这两个物种在100万年前到50万年前之间开始分化。[60] 在一些地方，人们发现这两种蝠鲼一起生活在相同的珊瑚礁周围，但体形较大的双吻前口蝠鲼往往比依恋珊瑚礁的阿氏前口蝠鲼游得更远。亲海洋的双吻前口蝠鲼体形更大，体盘宽可达7米，相比之下，亲珊瑚礁的阿氏前口蝠鲼体盘宽只达到5米。2017年，遗传学研究表明，这两种蝠鲼实际上都属于更广义的魔鬼鱼群体（*Mobula*），所以它们严格意义上应被称为"双吻蝠鲼"（*Mobula birostris*）和"阿氏蝠鲼"（*Mobula alfredi*）。[61]

进入新千年后，潜水员一直活跃在珊瑚礁物种新发现的前沿，他们帮助民众增加海洋知识的另一种方式是科学宣传和普及。这些科学爱好者可以通过许多方式提供帮助，主要通过他们可以收集到的数量和种类丰富的物种信息，而这些是研究人员靠自己无法积累的。潜水员依托珊瑚礁普查基金会和珊瑚礁环境教育基金会等组织收集有关珊瑚礁及其生物多样性的信息。他们提交的观测报告、图像和数据有助于确定蝠鲼、鲸鲨、锥齿鲨甚至斑马章鱼的种群大小和迁徙模式。这些物种都有独一无二的特征——就像人类的指纹一样——研究人员已经能够将这些特征与每个个体联系起来。通过一张动物特定部位的照片，研究人员就可以利用之前的数据追踪它们，甚至确定它们的年龄。如果没有众多潜水员提供的帮助，研究人员不可能收集到这么多关于这些动物的数据。

生活在这个能对珊瑚礁进行探索和有所发现的时代真是一种荣幸，我看到了其他人没有见过的动物和它们的行为。作为潜水员、水下摄影师和科学爱好者，我们现在用不同的方式观察珊瑚礁，这让我们发现了许多新物种。通过前往大多数科学家梦寐以求的地方，潜水员记录下了大量的新物种，这些物种此前默默无闻地生活在全世界的海洋中。然而，气候变化和人为干扰对珊瑚礁的变化速度有着巨大的影响。在潜水和科学探索的生涯中，我目睹了这种巨变。鉴于生态系统正在我们眼前发生根本性变化，这些新发现显然比以往的发现更加发人深省。

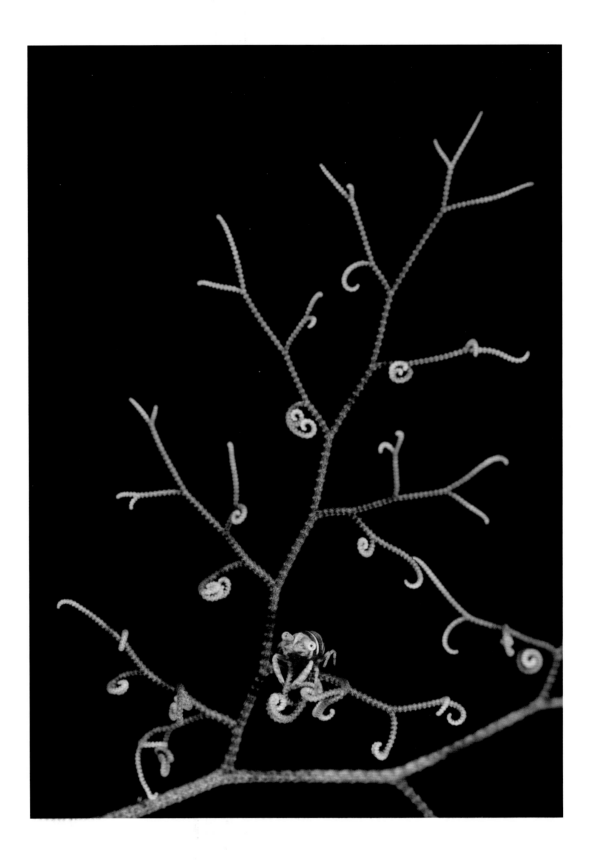

第五章
相生相依

珊瑚礁依赖珊瑚和藻类的共生关系，但这并不是珊瑚礁上不同物种之间唯一的紧密关系。珊瑚礁有程度非常高的生物多样性，因此在物种内部和物种之间存在大量不同类型的关系。本章将提供许多极好的例子，展示在珊瑚礁上发现的不同类型的相互作用，从互利共生（两个不同物种之间的关系，双方都受益）和偏利共生（两个不同物种之间的关系，其中一个物种受益，另一个物种既不受益也不受损）到寄生（一个物种受益而另一个物种受损）。通过这些关系，成千上万的珊瑚礁生物直接彼此依存。与广适种相比，与另一物种有密切关系的专化种被认为有更大的灭绝风险。[62] 其中一些相互关系涉及珊瑚，而另一些关系存在于我们知之甚少的物种之间。

生境专化种在珊瑚礁的整体生物种类中占很大比例，但学术界尚未对其中的绝大多数种类进行研究。因为普遍缺乏这些生境专化种的信息——它们的种群、繁殖和自然史信息——所以寻找和了解它们变得困难。但对那些喜欢挑战的人来说，这是一项了不起的任务。

在我看来，一种不起眼的小瓷蟹是珊瑚礁惊人的生物多样性和物种间密切联系的缩影。我从朋友奈德和安娜·迪洛克那里第

对页：篮星虾（*Lipkemenes lanipes*）。摄于印度尼西亚阿洛岛

一次听说这种螃蟹，他们几个月前刚看到过一只。我的朋友们告诉我，瓷蟹只生活在海葵上，而且是寄居蟹螺壳上的海葵。这种海葵小到可以两只"手挽手"舒服地坐在一角硬币大的地方。这些年来，我见过许多寄居蟹，实际上我对英国海边旅行的最早记忆之一就是在南部海岸收集寄居蟹。寄居蟹的体形相对较小，身体也较柔软，所以为了保护自己免受捕食者的伤害，它们住在死去海螺的壳里。当危险来临时，它们会躲在安全的螺壳里。寄居蟹的身体随着时间的推移不断长大，所以它们必须告别最初的家，住到更宽敞的螺壳里去。

一些寄居蟹会翻修自己的住所，它们利用海葵具有黏性的足把海葵粘在螺壳上，作为某种家庭保卫系统。对这些寄居蟹来说，海葵是珍贵的必需品。因此，当一只寄居蟹想把它的家搬到一个更大的螺壳里时，它会以某种方式轻敲螺壳，海葵就知道要松开自己的足，这样寄居蟹就可以把海葵重新安置到它的新家了。而那种小瓷蟹会留在海葵上，并随之一起转移。

关于这些瓷蟹的信息很少，很少有人见过它们。在各种各样

对页：寄居蟹，眼睛的左边有一种未进行物种描述的瓷蟹。摄于印度尼西亚西巴布亚岛，拉贾安帕

的瓷蟹中，有一种瓷蟹会与海葵鱼共享大得多的海葵。这些小螃蟹更常见，也更有名，它们成对生活在宿主身上，在那里滤食。当我们对一个稀有或新发现的物种所知甚少时，尽快获得尽可能多的信息的最好办法就是根据它们的近亲来推测。在这个瓷蟹新种的例子中，我被它所展现的生命层次震撼到了。这种小小的瓷蟹只生活在海葵上，而海葵只生活在寄居蟹居住的死去海螺的壳上，这一幕真的很特别。

专一性结合

生境专化种通常与珊瑚礁上发现的数千种固着无脊椎动物中的某一种（如珊瑚虫、海绵和苔藓虫类）有关联。这些动物和栖息在它们身上的生物之间的结合强度不一：从泛泛之交到长期的承诺，换句话说，从偶尔为摄食来访或暂时避难到真正终生专一性结合。专一性结合是一种忠诚的关系，在这种关系中通常没有自由生活的个体，成体生活的所有阶段（包括繁殖）都必须在宿主身上进行。[63]

经过多年的寻找，我终于在2015年第一次看到了德曼贝隐虾（*Anchistus demani*）。德曼贝隐虾又叫巨型蛤蜊虾、大砗磲虾，最早在1922年被描述，大概是研究人员在解剖一只砗磲的时候发现的。但据我所知，潜水员在天然海域很少见到活的德曼贝隐虾的个体。我从保存下来的这种虾的照片中知道了这个物种，它的透明身体被蓝点覆盖。我误以为它们生活在砗磲的外面，可能藏在彩色外套膜的缝隙里。

但当我看到我朋友朱丽叶·迈尔斯拍摄的照片时，我惊呆了，她是在不经意瞥了一眼砗磲体腔时偶然发现这只虾的。砗磲有两个开口：一个是出水孔，水从这里流出；另一个是更大的进水孔，水从这里进入，流经鳃，浮游生物被过滤下来。朱丽叶的照片清楚地证明我的猜想不对，这种虾实际上生活在砗磲内部的鳃上。

拍摄这种虾成了我的目标，但砗磲的胆小敏感使这项任务具有挑战性。除了正常的潮流和波浪，如果砗磲感受到任何意想不到的水流运动，它就会砰地关闭壳以保护自己柔软而脆弱的肉体。我

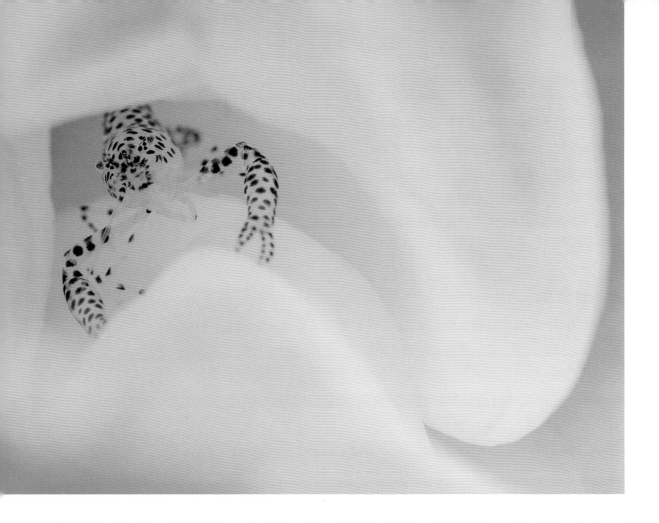

上图：德曼贝隐虾。摄于印度尼西亚苏拉威西岛，瓦卡托比

面临的困难是找到一只合适的砗磲，它的位置能让我无须大幅度移动就可以看到进水孔的开口，避免冒险触动它紧张的神经。幸运的是，几个月后，我去了位于苏拉威西岛东南部的瓦卡托比潜水度假村，也就是朱丽叶拍摄到那只虾的地方。一名潜导告诉我一只砗磲的确切位置，并向我保证那是个完美的位置——我可以悬浮在蓝色的水里，直接对着进水孔里拍照——希望在那里能看到这种虾。按照他的指点，我首次成功地发现并拍到了一只德曼贝隐虾。解这道谜题的关键是弄明白了这种虾原来生活在砗磲的内部。自从知道了这一点，我在几乎所有调查过的砗磲中都看到了它们。

我把这些虾的事告诉了其他一些朋友，他们也和我一样着迷了。有一次，在我们一起去西巴布亚岛旅行时，他们碰巧看到了另一个物种——巨型双壳类的大砗磲（*Tridacna gigas*）——的内部。这是我在搜寻过程中从未遇到过的。大砗磲是贝类世界里真正的庞然大物，据报道其身长可达1.4米。这些大砗磲中"寄宿"着

114

一种独特的虾，即砗磲江瑶虾（*Conchodytes tridacnae*）。这种虾看起来与其他贝类中的虾截然不同。我的朋友拍到了一只像推土机一样的雌虾，它的身体是白色的，蓝色的足上有斑点，它还有明亮的红色眼睛。

我渴望和他们一样在同一只砗磲里亲眼观察这些奇妙的动物。然而，在3次共90分钟的下潜中，我只看到了一只只较小的雄虾。它们完美地展示了生活在珊瑚礁上的动物的生境专一化水平。这些虾不仅只存在于砗磲中（甚至只存在于某些特定种类的砗磲中），而且它们一生通常生活在同一个宿主内部。幸运的是，我终于独自找到了一对真正的德曼贝隐虾，并花了一些时间观察和拍摄它们的日常活动。

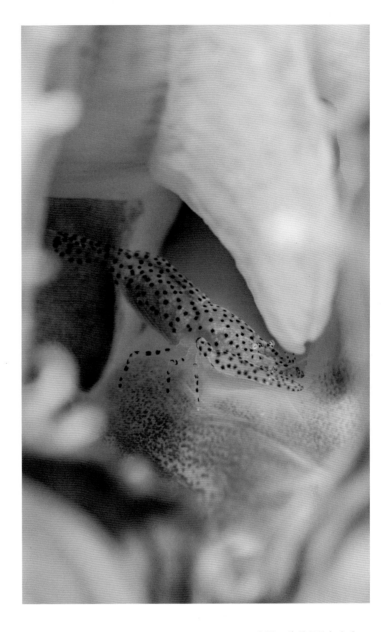

上图：德曼贝隐虾与卵。摄于印度尼西亚西巴布亚岛，拉贾安帕

作为极端的生境专化种是要付出代价的——它们往往仅有一种宿主，特别是那些在形态上适应其生态位的动物。由于它们的适应性，比如针对特定栖息地的拟态，它们不太可能随心所欲地以别的栖息地为家。相反，一个更广适的物种可以开发范围更广的栖身之所。如果一个广适种与一个专化种在共同偏好的栖息地展开直接竞争，那么广适种的适应能力往往较差，而专化种占优势地位。正因

为如此，大多数动物演化出了非常狭窄的生态位，或者说在珊瑚礁上的角色。这样看来，珊瑚礁上成千上万的动物似乎都有一个室友或食客。

对页：一对巴氏海马。
摄于印度尼西亚邦盖群岛

共生

共生指两个或两个以上的物种之间的紧密关系，它分为3类：偏利共生、互利共生和寄生。所有这些关系在珊瑚礁上都很常见。在偏利共生关系中，一方受益，而另一方既不获益也不受损（这被认为是0/+关系）。大多数珊瑚礁上的专化种都是共生生物。以两种侏儒海马为例，它们整个成年期都生活在一株柳珊瑚表面。侏儒海马的体长不到3厘米。通常情况下，一株柳珊瑚上只有一对侏儒海马完美地伪装并居住，而柳珊瑚有时有65寸电视机的屏幕那么大。侏儒海马很小，对柳珊瑚没有影响，既无益也无害。相反，侏儒海马从这种关系中获益颇多：它们以生活在柳珊瑚表面的微小甲壳类动物为食，并天衣无缝地融入柳珊瑚的水螅体，以柳珊瑚为餐厅和卧室。

在动物王国中发现的第二类共生关系是互利共生关系。在此情况下，宿主和共生生物双方都受益于这种关系（即+/+关系）。有两种互利共生关系：一种是专性互利共生关系，共生双方一旦分开就都无法存活；另一种是兼性互利共生关系，关系中的每个物种都可以独立生存，但它们生活在一起对双方都更有利。这两种互利共生关系在珊瑚礁上都很常见。

珊瑚礁上专性互利共生的一个有趣例子发生在暗色的火焰眶锯雀鲷（*Stegastes adustus*）和多管藻（*Polysiphonia*）之间。[64] 小热带鱼火焰眶锯雀鲷是勤劳的"农民"，它积极保护自己的珊瑚礁领地不受其他植食性动物入侵，这样它的主食多管藻才能茁壮成长。火焰眶锯雀鲷辛勤地将其他种类的藻类从它的"菜地"中移走，因为它培育的藻类虽然生长迅速、可口，但与其他藻类相比竞争力较弱。在移除所有鱼类（包括火焰眶锯雀鲷）的实验中，由于缺乏植食者，除多管藻以外的其他藻类在一周内长满了实验区域。如果只移除具有保护作用的火焰眶锯雀鲷，而允许其他鱼类进入实验区域，所有的藻类在几天内就会被其他植食性动物全部吃光。最令人惊讶的是，除了火焰眶锯雀鲷的"菜地"，多管藻在珊瑚礁上的其他任何地方都不生长。此外，火焰眶锯雀鲷只吃这种藻类，不吃其他藻类。缺了其中任何一个，这两个物种都不能健康生长，因此这两个物种形成了一种专性互利共生关系。

专性互利共生关系也发生在某些虾虎鱼（小型硬骨鱼类的一个大科）和它们的伙伴鼓虾之间。[65] 近乎失明的鼓虾是勤奋的"劳动者"，努力建造可爱的洞穴。而虾虎鱼相当懒惰，而且极度紧张。一对交配过的虾虎鱼和一对交配过的鼓虾共用一个洞穴，它们在一起形成了牢固的合作关系。当鼓虾在挖掘和建造洞穴时，虾虎鱼袖手旁观。在整个过程中，鼓虾用它长长的触须与虾虎鱼保持接触，触须能感觉到虾虎鱼的任何细微动作。就像盲人靠触觉阅读盲文一样，鼓虾会在虾虎鱼尾巴的某种动作提醒下进洞避险，也会在另一个动作的指示下停止移动，等待确认危险是否解除。如果危险真的

下图：柳珊瑚和潜水者。摄于印度尼西亚安汶

来临，虾虎鱼也会冲进安全的洞穴。研究表明，如果缺了对方，虾虎鱼和鼓虾都无法存活。没有鼓虾，虾虎鱼就无法逃离捕食者躲进安全的洞穴；没有虾虎鱼，鼓虾很快就会被捕食者吃掉，因为它们看不见捕食者。

珊瑚礁上也有很多兼性互利共生的例子。在这种情况下，保持一段关系对双方是有益的，但它们即使"分手"了也不会危及生命。下面以3种不同的加勒比海绵的相互依赖关系为例。每种海绵的组织和骨骼特征都不同，每个物种或多或少都易受相同的环境危害，如鱼类和海星的捕食、沉积物造成的窒息和风暴的破坏。也许其中一种海绵对捕食者来说是有毒的，或者另一种在结构上更强壮，在暴风雨中为其他海绵提供了保护。确切地说，这一机制如何起作用还需要进一步研究，但似乎这3种海绵的合作生长提高了它们的生存能力，并且减少了环境对它们每一个物种的危害。[66]

寄生可能是地球上最常见的共生形式。一些研究人员推测，已

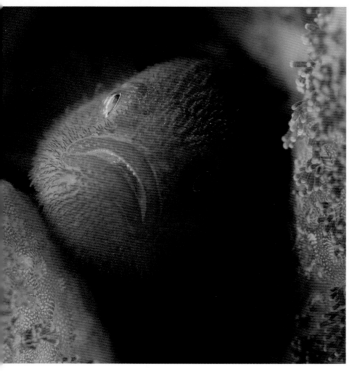

知动物种类中有30%~50%实际上是某种形式的寄生生物。[67] 即使寄生者也会被寄生。这种关系的生物学定义是寄生者受益而宿主受害（即+/-关系）。珊瑚礁上的寄生现象将在后面一章中探讨。

偏利共生

我在写关于与柳珊瑚共生的侏儒海马的生物学博士论文时，惊讶于我们对许多常见的珊瑚礁共生和互利现象的了解如此之少。考虑到珊瑚礁能容纳的共生物种之多，以及它们在珊瑚礁整体多样性中的重要性，相关研究如此少真是令人意外。我正在寻找模型物种来与侏儒海马进行比较，而能找到的唯一类似的共生物种是叶虾虎鱼属的鱼类。

这些五颜六色的虾虎鱼是分枝硬珊瑚的专性共生动物。有些虾虎鱼是广适种，与少数不同种类的珊瑚生活在一起，它们的形态也适应不同种类的珊瑚。还有一些物种是特别专一化的种类，只与一种珊瑚生活在一起。特别专一化的虾虎鱼往往具有特殊的适应能力，比如细长的身体，以便适应其宿主珊瑚较密集的生长形式。

虾虎鱼的体色，从鹦鹉般鲜艳的绿色伴有斑点和彩色花纹，到简单统一的单色花纹，再到引人注目的红色，各不相同。虾虎鱼的颜色取决于哪种"着装"最适合虾虎鱼的特定宿主。[68] 由于对栖息地的专一性，很多种类的虾虎鱼可以在同一块礁石上被找到。虾虎鱼是一个物种丰富的类群，许多新物种仍在命名中。2014年，红海有4个新物种获得了描述[69]，还有许多物种已被发现但尚未被描述。

由于虾虎鱼偏好生活在一种或几种珊瑚上，它们会在合适的珊瑚上激烈地抢地盘。在某些情况下，虾虎鱼通过转移到无鱼居住的

对页上图：亚诺钝塘鳢（*Amblyeleotris yanoi*）和一对鼓虾。摄于菲律宾内格罗斯岛，杜马格特

对页下图：棘头副叶虾虎鱼（*Paragobiodon echinocephalus*）在珊瑚枝间。摄于印度尼西亚安汶

下图：一对罗氏珊瑚虾虎鱼（*Bryaninops loki*）在保护它们的卵。摄于印度尼西亚西巴布亚岛，拉贾安帕

珊瑚上来避免这种竞争是情理之中的事。一旦完成移居，竞争就会减弱，移居的虾虎鱼很快就会适应新宿主；最终，"新移民"分化并演变成一个新物种。[70] 由于有大量潜在的珊瑚宿主，虾虎鱼在演化过程中已经分化出一大批新物种，每一种都有偏爱的珊瑚宿主。然而，并非所有的珊瑚礁都是一样的，只有一些虾虎鱼适合特定的珊瑚，因此一些珊瑚礁可能有很多虾虎鱼，而另一些完全没有虾虎鱼，这直接影响虾虎鱼的数量。此外，单个珊瑚群落的大小可能影响它能够容纳的珊瑚虾虎鱼的数量，这反过来又影响它的群落大小。这些珊瑚虾虎鱼只是受到一些研究者关注的专化种中的一类。这些互利共生关系可以持续增高珊瑚礁的生物多样性程度，却很容易被忽视。

　　共生生物对宿主既无好处也无坏处；然而，考虑到珊瑚礁上共生生物的普遍性，共生物种必然获得了实际的利益。通常，宿主会给予共生物种某种形式的保护。例如，迄今所有检测过的柳珊瑚都

上图：血红六鳃海蛞蝓（Hexabranchus sanguineus，俗名"西班牙舞娘"）鳃中的帝王虾（Periclimenes imperaror）。摄于印度尼西亚苏拉威西岛，瓦卡托比

对页上图：泡囊珊瑚上的日本英雄蟹（Achaeus japonicus）。摄于澳大利亚大堡礁

对页下图：帝王虾在一对交配的海蛞蝓上。摄于菲律宾内格罗斯岛，杜马格特

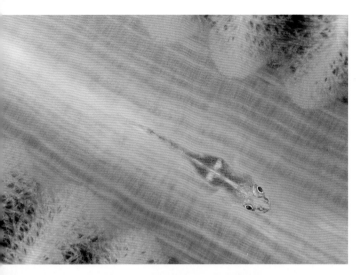

含有广适性鱼类难以下咽的化学物质。换言之，这种保护通常会惠及相关的共生生物，尤其是当它们的伪装无法迷惑潜在的捕食者时。

一些珊瑚礁生物比柳珊瑚更直接地展示了它们的防御力。囊海胆（*Asthenosoma varium*），又名软斑海胆，用它鲜艳而醒目的颜色警告其他生物注意它的危险性。这些海胆在一些地区很常见，它们容纳了各种各样的共生生物，这些生物受到海胆毒刺的保护。斑马蟹（*Cerithium zebrum*）、科尔曼虾（*Periclimenes colemani*）、寄生的火海胆瓷螺（*Luetzenia asthenosomae*）只是共生生物中较常见的几种。科尔曼虾甚至能在海胆的毒刺中间为自己开辟一小块空地。它们一旦安顿下来，就会雌雄配对，并且似乎会在一只火海胆身上度过余生。据我观察，斑马蟹和科尔曼虾似乎不会对某只海胆保持专一，它们可能单独"骑"在一只海胆上四处游荡，然后在海胆们自然聚集时跳到另一只海胆上。

宿主的其他特征对共生生物似乎也很重要。对大多数海洋生物，寿命是我们很少考虑到的一个特征，但这肯定会影响海洋生物作为宿主的适宜性。我们知道，一些大型珊瑚群落至少在13世纪就已经存在了[71]，一些大型桶状海绵可能在公元前300年就已经存在了[72]。更令人惊讶的是，2009年，夏威夷附近的一个深水柳珊瑚群落的年龄被确定为4265年，和金字塔

的年龄差不多。[73] 除了这些极端例子，一些较小的和不太知名的珊瑚礁生物（比如海鞘和苔藓虫）可能也有很长的寿命，但科学家还不知道在合适的条件下它们的寿命可以有多长。显然，如果宿主寿命很长，那么共生生物很可能也如此。

在攻读博士期间进行野外考察时，我在3年内总共花了6个月的时间守着苏拉威西岛东南部一个珊瑚礁上的同一个洞穴，记录侏儒海马的行为。在那3年里，我诧异于当地的珊瑚礁群落变化如此之小。洞穴左边的鞭珊瑚群落在3年里似乎一点儿也没有增长或减少，岩壁上的小海绵也几乎没有变化，甚至一些海鞘同样如此。

丰富多彩的共生生物

棘皮动物海百合是常见的珊瑚礁生物，它们不仅个体寿命长，而且已经在地球上存在了很长时间——几乎一成不变地存在了约4.5亿年。[74] 相比而言，第一批恐龙出现在大约2.5亿年前，而我们人类大约在20万年前开始在非洲平原上行走。在深海中，有茎的海

上图：霍比特虾（*Odontonia bagginsi*）在被囊动物中。摄于菲律宾宿务岛

对页上图：海面的莫桑比克腹瓢虾虎鱼（*Pleurosicya mossambica*）。摄于印度尼西亚科莫多岛

对页中图：侧扁裂虾虎鱼（*Lobulogobius morrigu*）是一种罕见的小型虾虎鱼。摄于印度尼西亚松巴哇岛

对页下图：虎纹珊瑚虾虎鱼（*Bryaninops tigris*）。摄于印度尼西亚西巴布亚岛，拉贾安帕

百合种类的触手开放直径可达1米。人类在全世界的浅海中已发现大约500种更小的可移动海百合，它们遍布珊瑚礁。

　　尽管海百合很常见，关于它们的生物学研究却相对较少。它们没有商业价值，在生态系统中也没起多大作用，这也许可以解释为什么它们在很大程度上被忽视了。海百合是棘皮动物5个纲中最原始的一类，其他4个纲分别是海星、海参、海蛇尾和海胆。它们经常被误认为是蕨类植物，而不是动物，因为它们缺乏很多通常意义上的动物的特征。它们的身体由3个主要部分组成：茎（或柄腿）、躯干和触手。海百合没有明显的感觉器官，比如眼睛、鼻子或耳朵。它们似乎不是肉食性动物的目标，这要归功于它们的尖刺和令肉食性动物毫无食欲的体形。

　　由于海百合令动物难以下咽的复杂外形，它们成了小型神秘动物的理想家园。作为滤食者，它们还能充分利用洋流从一个地方游到另一个地方，找到食物最丰富的海域。这显然也有利于它们的"搭便车者"。受到攻击后，海百合失去的触手可以再生。它们的寿命可能超过20年，因此稳定性和长寿命使它们成为共生生物的不二之选。[75] 研究人员在中国台湾采集了41只海百合，在其中40只上发现了不同形式的共生生物。在巴布亚新几内亚，92%的海百合都有共生生物，平均每只海百合有8个共生生物。[76] 研究人员总共发现了47种共生生物，其中5种为寄生的，其余为互利共生或偏利共生的。47种共生生物中有46种仅与海百合密切相关，这充分反映了这些生物的专一性。

海百合是第一类真正引起我注意的宿主。它们在珊瑚礁上非常显眼，作为富饶的狩猎场，可供迷人的栖息地专化种启动一场场完美的狩猎。在寻找栖息地专化种时，我发现了解它们喜欢的宿主对找到它们大有帮助。我最先感兴趣的海百合相关物种是盘孔喉盘鱼（*Discotrema*）。这些2厘米长的小鱼聚集成一个活跃的小群体，就像一群五颜六色的蝌蚪，在海百合周围游动、寻找食物。如果有水流经过，它们就利用特化的腹鳍作为微型吸盘固定自己。与其他许多栖息地专化种不同的是，琉球盘孔喉盘鱼的成鱼似乎不会在某一只海百合上度过一生，而倾向于在不同的海百合之间游荡。有时它们会打架和斗嘴，这使得观察它们更令人兴奋。我不止一次在海水中静静地看着它们的滑稽动作，甚至有一条游过来趴在我的相机上，希望"搭便车"去新家。

珊瑚礁上的海百合中栖息着大约20种虾，还有其他大量甲壳类动物，包括螃蟹和铠甲虾。此外还有微鳍乌贼，它们藏在海百合的触手里，与之融为一体。还有一种尚未被分类和描述的海蛇尾（另一种棘皮动物）紧贴着海百合的基部生活。作为"伪装大师"，细吻剃刀鱼（*Solenostomus paradoxus*）也生活在海百合中，它们的身体覆盖着肉质尖刺，在海百合的取食触手中这些尖刺能模糊它们的轮廓。这个物种的颜色也非常丰富，它们的底色与宿主海百合的颜色相近，这有利于它们伪装。

与海百合一起生活的另一种鱼是令人惊讶的印度尼西亚燕鱼（*Platax batavianus*）的幼鱼。成年燕鱼生活在远离珊瑚礁的深海中，而幼鱼生活在紧邻海百合的近岸海域以寻求庇护。成年燕鱼的身体呈圆盘状、金黄色，而幼鱼的身体有着醒目的斑马纹。黑白分明的花纹让人觉得幼鱼会引起捕食者的注意，而非躲避它们。然而，当幼鱼靠近海百合的那一刻，它们似乎披上了隐形衣。再加上鱼鳍上的尖细末端，这种外形让幼鱼天衣无缝地融入海百合。

最后一种生活在海百合周围的鱼是隐居吻鲉（*Rhinopias aphanes*），它们分布在巴布亚新几内亚东南部的珊瑚礁、大堡礁和所罗门群岛的珊瑚礁上。隐居吻鲉是相当大的伏击掠食者，身长可达25厘米。隐居吻鲉通常生活在隐蔽的海藻或沙质斜坡上，所以当我首次在礁石上看到它们时，我很惊讶。它们利用斑驳的体色和类似于海百合进食触手的细丝来模仿海百合。当不幸的鱼儿误以为它们是无害的海百合而游得太近时，它们就会发起攻击。

更多共生生物

海绵是所有动物中最原始的类群，甚至比海百合还要古老得多。它们通过数以百万计的细小鞭毛来获取食物，这些鞭毛将水流引入它们表面的小孔，并过滤水中的悬浮物来获取其中的食物。海绵在大小、形状和颜色上差别很大。一些大型的加勒比桶状海绵被认为有2000岁了。一些海绵形成小小的花瓶状结构，而另一些海绵利用它们产生的酸钻进石灰石。考虑到海绵在地球上的悠久历史，许多生物与海绵联系在一起就不足为奇了。其中我最喜欢的是一种微小的甲壳类动物——毛茸茸的铠甲虾。这种比一角硬币还小的动物生活在巨大的桶状海绵脊之间的缝隙中。由于海绵从外侧吸水，铠甲虾的茸毛很可能是为了模拟流过海绵表面的沉淀物而形成的。近距离观察时，我发现它们是亮粉色的，但这种颜色出人意料地有助于它们在斑驳的棕色海绵上进行伪装。

这种不起眼的加勒比桶状海绵的另一种令人惊讶和迷人的栖息者是具有真社会性的鼓虾，它们有相当活跃的社会生活。真社会性常见于陆地动物，例如蚂蚁、蜜蜂、胡蜂和白蚁。这些动物的特点是群体分工合作，其中大多数成员牺牲自身的繁殖以照顾幼仔或保护群体。例如，在蚁群中，蚁后是群体中唯一能繁殖的成员，而大部分不育的工蚁和兵蚁承担维持群体运转的特殊任务。只有少数生活在热带珊瑚礁海绵中的虾是已知的具有真社会性的物种。[77] 它们

的社会结构由一群全副武装的雄性和一只有繁殖能力的雌性组成。就像真社会性昆虫一样，雄性守卫着一个供雌性和其他群体成员共同居住的社会空间。在海绵中，栖息者们对生存空间的竞争非常激烈，因此人们认为，这些虾演化形成的真社会性提供了比其他物种更大的竞争优势。

罕见的事

栖息地专化种的种群往往比广适种的小，这在一定程度上解释了为什么仍有那么多新的专化种不断被发现，以及为什么它们仍然鲜为人知。2016年，一种极具魅力但难以捉摸的白色小虾虎鱼被命名为苔藓虫猪虾虎鱼（*Sueviota bryozophila*）。这种不到2厘米长的小鱼的独特之处在于它们只生活在一种特殊的苔藓动物群落中。苔藓动物可能看起来像珊瑚，但它们实际上是一种古老的动物分支，在近5亿年前与其他所有动物分开演化。这种苔藓虫是纯白色的，它的带状结构中点缀着小格状的孔。苔藓虫的群体很小，小孩子都可以轻松地一手掌握。苔藓虫猪虾虎鱼有着惨白的底色，头部和身体上部散布着淡淡的粉红色斑点，这便于它们在苔藓虫中隐身。这种浅色的体色也解释了为什么它们长期未被发现。1980~2014年，有327种鱼类新种被命名[78]，这几乎占了珊瑚三角区新发现鱼类的¼。它们大多数体长都小于2厘米。

苔藓虫猪虾虎鱼目前已知仅分布于印度尼西亚，但考虑到它们的生活方式和小体形，再加上它们的罕见和对宿主的专一性，它们很可能在更大的地理区域被发现。我在菲律宾发现了一个地方，那里有许多这种特殊苔藓虫的群落，于是我开始寻找这种小型鱼类。我在一个又一个苔藓虫群落中寻找，但一条苔藓虫猪虾虎鱼也没找到，反而发现了无数其他生物——它们都没有被分类和描述过。我看到一只螃蟹举着大钳子藏在苔藓虫群落深处；在另一个苔藓虫群落中，我看到了一只巨大的鼓虾；我又换了个地方，看到一只马蹄螺在刮食藻类。所有这些动物都有相同的白色底色和浅粉色斑点，以便"隐身"。据我所知，这些动物全都尚未被命名。这些苔藓虫动物是我能干的"狩猎"伙伴内德和安娜发现后告诉我的，

他们追踪苔藓虫猪虾虎鱼已经颇有些时日了。时间会告诉我们这种虾虎鱼是否也生活在印度尼西亚以外的地方，以及在苔藓虫中可能发现的其他各种动物。

鉴于我们知道专化种通常比广适种少得多，当宿主难觅时，专化种就更难寻觅了。豹纹海葵（*Antiparactis sp*）是生活在印度洋–太平洋热带海域柳珊瑚和黑珊瑚表面的小海葵。它们仅有人的拇指大小，颜色变化多样，从金色到黑白相间都有。1999年，人们在日本的豹纹海葵上发现了一种引人注目的虾。此后我花了10年时间不知疲倦地寻找这种难以捉摸的小动物。

有一天，我在西巴布亚四王岛北部一个偏僻的海湾潜水，沿着一面幽暗的峭壁游动，寻找我曾在海湾里见过的一些奇特的鱼。突然，我发现一只豹纹海葵长在下方3米处的鞭状珊瑚上。因为已经潜到了30米深，我本不想再往下潜了，但这只海葵引起了我的兴趣。当看到一只腹部抱满了卵的巨大雌虾时，我惊呆了。海葵缩回了它的触手，这样我更清楚地看到那只虾栖息在海葵顶端。雌虾的体表有深黑色和明亮的白色交错分布，其花纹简直和豹纹海葵的一模一样。我知道栖息地专化种往往是雌雄配对生活的，于是开始寻找它的配偶。果然，雄虾就在我眼皮底下。它更小、更苗条，但它的身体显示出与雌虾完全相同的黑白花纹。当时我和一些调查鱼类多样性的朋友一起潜水，但他们对我的发现并不感兴趣，因为他们坚持"没有脊椎，就不花时间"的原则。在我向他们说明了这两只小动物的稀有之后，他们才急于回来看一看。遗憾的是，因时间限制，我们不得不离开，让这些奇特的小虾免受打扰。

生活在其他动物身上的共生生物并不都是无害的。由于有窒息的危险以及妨碍正常的进食和繁殖过程，珊瑚礁上的固着无脊椎动物总是采用某些机制来防止其他生物附着。有些动物的表面产生有毒的化学物质，这可以阻止其他生物生长。有些动物会像蛇一样不时蜕去它们的外皮以去除身上的任何赘生物。随着宿主演化出越来越复杂的机制来阻止外来物种定居，它们的共生生物在这场生物军备竞赛中仍保持领先一步的优势。每个宿主的保护机制可能都有细微的差别，这不仅能摆脱污损生物种类（那些积聚在其他宿主

对页上图：大型桶状海绵上毛茸茸的铠甲虾。摄于菲律宾吕宋岛，阿尼洛

对页下图：苔藓虫猪虾虎鱼，2016年获得物种描述。摄于印度尼西亚安汶

表面的物种），也消除了无害的共生生物。

正如海员所证明的，如果我们能够利用海洋生物防止其他生物在其表面生长的原理来抑制海洋生物在船舶表面生长，那么每年将节省数十亿美元。我们使用的防污涂料含有毒素，毒素不仅会杀死珊瑚虫，还会阻止新的珊瑚幼虫附着在珊瑚上。船只撞击珊瑚礁不仅会对生态系统造成结构上的破坏，而且珊瑚礁从船底刮下来的油漆会沉积下来，阻碍珊瑚礁恢复。[79]

通常，栖息地专化种的个体活动范围都非常狭小，因为它们与宿主有着内在的联系。在对侏儒海马进行研究时，我跟踪观察了其中一群海马的日常活动，发现其中一只雄性海马的活动范围从未超过两个手机屏幕的大小。即使是非栖息地专化种也可能高度依恋珊瑚礁上的某个特定位置。一项研究发现，有3种天竺鲷在长达一年半的时间里，都待在离它们最初定居地30~90厘米的范围内。研究人员还发现，这几种天竺鲷被带到2千米以外的地方后，几天之内就能找到回家的路。[80] 也许珊瑚礁生物居住在如此小的区域的偏好正是它们作为栖息地专化种的特点。

栖息地专一性既是一种礼物，也是一种诅咒。专化种通常不需要担心竞争对手，但它们面临的灭绝风险比广适种的大得多。专化种应对干扰的能力通常较差；它们演化出的特性使它们非常适合自己的家，以至于不太愿意搬到另一个家。一个物种的栖息地专一性或食谱专一性与环境干扰对其种群的影响有直接关系。因此，依赖其他物种生存将使它们面临更大的灭绝风险。[81]

正如我们发现的，专化种是对珊瑚礁生物多样性和物种丰富度贡献最大的群体之一。我们仍在不断寻找新的专化种，甚至在一些已知的很小的群体中搜索。然而，由于我们严重缺乏对这些专化种的了解，它们难以得到保护。并且，这些专化种的处境只是广阔的珊瑚礁生态系统所面临的困境的一个缩影。

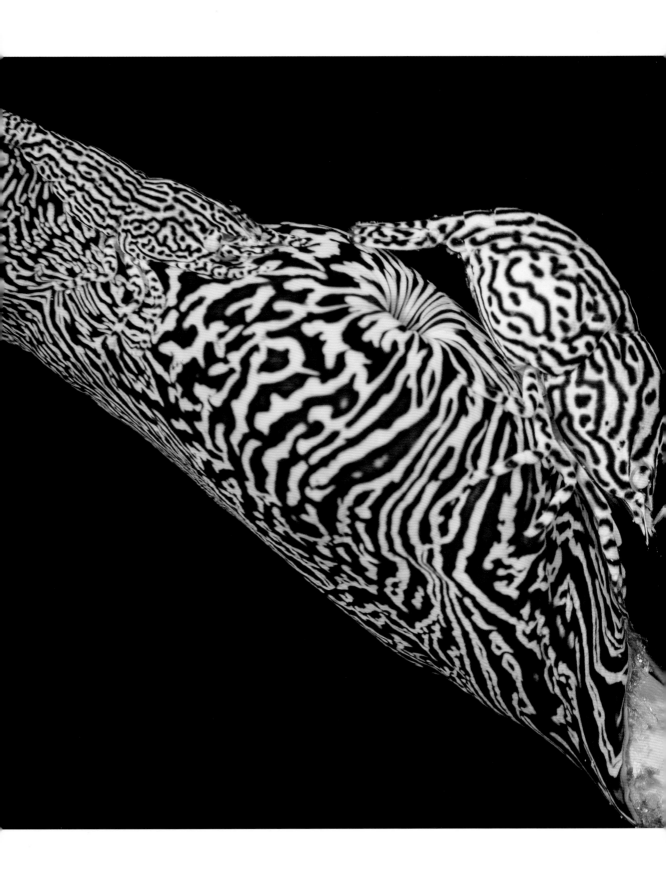

第六章
海葵鱼的神秘世界

从未有一种不起眼的珊瑚礁生物像海葵鱼（双锯鱼属，*Amphi-prion*）那样得到如此普遍的认可。多亏了迪士尼皮克斯的动画电影《海底总动员》，"小丑鱼"和"尼莫"在孩子们的心目中成了同义词，尼莫成了珊瑚礁亲和力和可爱的标志。它搭上了东澳大利亚洋流的顺风车，在遭遇不幸的过程中建立了了不起的联盟。它无疑是珊瑚礁上的新星，但海葵鱼的现实生活与动画电影的艺术诠释是大不相同的。

傍晚时分的黑暗海水中，珊瑚礁上依靠视觉捕食的捕食者已经休息了。这个月的洋流力量最强，海葵鱼的幼鱼孵化出来了。幼鱼最初只有3毫米长，非常小，7条从头到尾排起队来才可以横跨一枚硬币。它们一出生就会游泳。这时幼鱼身体是透明的，有一张大嘴巴和两只大眼睛，一个卵黄囊为它的早期活动提供"燃料"。2~3周后，这些微小的幼鱼会离开它们的兄弟姐妹，作为浮游的幼体随洋流漂泊。

这几周对任何幼鱼来说都很重要，海洋生物学家对了解它们从孵化到定居之间的活动很感兴趣。在发现幼鱼如何在海洋中自我定位并返回珊瑚礁的过程中，我们了解到人类在海洋中的行为是如何影响它们的。长期以来，人们一直认为，只有少数幼鱼会在它们出

上图：未定种的幼鱼。
摄于日本八丈岛

生地附近的礁石上结束生命，其余的则会被洋流带到很远的地方。最近的研究表明情况并非如此。

要想在长达2周的时间里在开放的海洋中追踪这些幼鱼的活动是不可能的，所以科学家想出了一种巧妙的方法来计算有多少幼鱼会回到它们的家园。在法属波利尼西亚的莫雷阿岛周围，研究人员绘制了所有海葵鱼的分布图。[82] 他们从每条鱼的鳍上取下一小片进行基因分析，确定每条鱼的基因指纹。（这是一种标准的科学方法，既能避免对动物造成长期伤害，又能深入了解其基因特征。）利用这种方法，研究人员记录了定居珊瑚礁的成年海葵鱼夫妇的基因特征。他们通过比较常住和新定居海葵鱼的基因特征，可以确定新来者的基因来源，并确定它们的父母是本地珊瑚礁还是其他珊瑚礁上的居民。他们发现，大约¼~⅓的海葵鱼最终定居在它们父母所生活的同一珊瑚礁上。尽管它们生命的前2~3周是在洋流中度过的，但它们最终可能离出生的地方只有几百米远。

海葵鱼幼鱼是熟练的游泳健将，而不仅仅随波逐流地被动浮游，我们从它们的体形可以预料到这一点。它们在游泳速度上超过了奥运会游泳运动员。实验表明，一些珊瑚礁幼鱼在发育后期，甚至可以不吃东西游十几千米。还有一些鱼类被记录到连续几天以每小时1千米的恒定速度游动。[83] 局部的洋流系统确实能够促使幼鱼留在它们出生的珊瑚礁周围。在某种程度上，幼鱼是受海洋摆布的，但我们现在知道，它们对最终定居的地方做出了主动选择。

当海葵鱼幼鱼在水流中度过幼年期，准备返回珊瑚礁时，它们清楚地知道必须跟随祖先留下的线索找到新家。对我们来说，这似乎是大海捞针，但对幼鱼来说，在珊瑚礁上找到合适的微生境是一种本能：没有健康的海葵，海葵鱼就无法在珊瑚礁上生存，所以找到健康的海葵至关重要。生命周期中如此重要的一环不可能仅靠运气去获得。尽管我们还不了解这个过程的每一个细微差别，但这些物种的持续生存和繁衍表明，大自然已经为它们找到了一条出路。

通过达尔文"适者生存"的自然选择理论，我们很快就能想象到，那些在珊瑚礁上找到完美微生境的幼鱼将继续过着成功、健康的生活，并生下许多后代，这些后代将继承它们的基因。如果它们在错误的微生境中定居，它们很快就会被捕食者吃掉。这种选择压力意味着，有能力找到自己喜欢的微生境的幼鱼将很快在种群中占据主导地位。现在的研究表明，这种鱼通过精确地结合视觉、听觉和化学线索来锁定珊瑚礁。[84] 当海葵鱼游向礁石时，远处出现了一个黑影。等海葵鱼靠近了，珊瑚礁就慢慢变得清晰可见，海葵终于出现在视野里，于是适应过程开始了。

一条海葵鱼找到了一只合适的海葵后，它必须经历一个微妙的过程，这样它才能在海葵带刺的触手之间定居下来。海葵的触手有助于保护海葵鱼免受潜在捕食者的攻击：每根触手都覆盖着被称为刺丝囊的刺细胞，它们一旦受到攻击就会发射"毒箭"。显然，对从来没有接触过海葵却想定居下来的动物来说，这是一个潜在的障碍。研究表明，海葵鱼实际上会产生针对海葵的保护性黏液，防止刺丝囊发射"毒箭"，从而使自身对海葵的危险免疫。在某些情况下，似乎有一个适应期。在此期间，海葵鱼会在触手中翻滚，开始产生量身定制的黏液。在其他情况下，一些海葵鱼似乎天生就能阻止刺丝囊发出信号，并能立即向海葵内移动。[85] 这在很大程度上取决于海葵鱼的种类，以及它们是否通常与特定种类的海葵生活在一起。一旦适应，一条海葵鱼就将与一只海葵共度余生，这两个有机体的命运不可分割地联系在了一起。

雀鲷

　　雀鲷有380多种，海葵鱼只是其中一类高度适应环境的种类。化石记录显示，雀鲷成为珊瑚礁的标志性特征之一至少有5000万年的历史了。[86] 虽然每一种雀鲷看起来都略有不同，通常在一个鳍的这里或那里有一个斑点，但它们的颜色往往是单调的棕色、灰色或深黄色。它们是珊瑚礁上种类最丰富的群体之一，但往往被潜水员忽视，因为他们更喜欢色彩鲜艳的物种。事实上，除了虾虎鱼和隆头鱼（常见且色彩鲜艳的珊瑚礁鱼类之一），雀鲷是所有珊瑚礁鱼类中种类最丰富的。

　　我一直在追寻一种特别迷人的雀鲷——锯唇鱼。在遥远的西巴布亚岛一个珊瑚覆盖的大平台上，我终于有机会观察它们的行为。而在几个月前，我只是短暂地瞥到了一眼，因为这不是最容易识别的鱼。和大多数珊瑚礁生物一样，它们具有非常特定的生态位，而一旦弄清

楚它们的生态位是什么，我就很容易找到它们。在珊瑚三角区，锯唇鱼以有些遮蔽处的分枝珊瑚的珊瑚虫为食。它们需要浅水区的健康分枝珊瑚来满足营养需求，但在有这些珊瑚的地方，各种各样的雀鲷是常见的生物。[87] 我必须承认我忽略了锯唇鱼，因为成年锯唇鱼的身体是棕色或黑色的，没有任何花哨的花纹或装饰来吸引人们的眼球。然而，如果再仔细观察，你会发现锯唇鱼大而充满诱惑的嘴唇甚至会让安吉丽娜·朱莉嫉妒。珊瑚锋利而坚固的结构会损伤

对页上图：斐济变异的三斑宅泥鱼（*Dascyllus trimaculatus*）。摄于斐济

对页下图：锯唇鱼。摄于印度尼西亚西巴布亚岛，拉贾安帕

上图：1999年获得物种描述的带着幼鱼的菲律宾高身豆娘鱼（*Altrichthys curatus*）。摄于菲律宾科隆岛

锯唇鱼牙齿周围的组织，而厚嘴唇可以起保护作用。

　　雀鲷是底栖繁殖鱼类，这意味着它们将卵产在海底或附着在坚硬的基质上。许多种类的雀鲷会保护自己的卵，但卵孵化后的抚育程度差别很大。一种叫高身豆娘鱼（*Altrichthys*）的雀鲷有着特别奇特的繁殖策略。为了亲眼观察它们独特的行为，我去了菲律宾中部的小卡拉米内斯群岛。与几乎所有的其他雀鲷不同，高身豆娘鱼会一直照顾自己的孩子，直到它们接近成年。我看到成群的高身豆娘鱼守护着它们的幼鱼。父母紧靠在幼鱼附近，以浮游生物为食；如果潜在的捕食者靠得太近，它们会气势汹汹地赶走敌人。

　　缺乏浮游期对这些雀鲷幼鱼的生物学传播有重要的影响。相比之下，海葵鱼的幼鱼会被水流带走，而不需要任何形式的亲代抚育；而年幼的高身豆娘鱼在离开家时有些大了，以至于随洋流漂流时会立即被捕食者发现并吃掉。因此，它们最终定居在离出生地很近的地方。深水区和不适宜的栖息地阻碍了该物种的传播，因此，科隆群岛演化出了3个不同的物种，它们栖息在岛屿海岸线的不同

对页上图：黑双锯鱼（*Amphiprion melanopuss*）。摄于所罗门群岛

对页中图：棘颊雀鲷（*Premnas biaculeatus*）。摄于印度尼西亚西巴布亚岛，拉贾安帕

对页下图：眼斑双锯鱼。摄于印度尼西亚西巴布亚岛，拉贾安帕

下图：2008年获得物种描述的巴氏双锯鱼（*Amphiprion barberi*）。摄于斐济

区域。第三个物种是在2017年被命名的，它不久前才在人迹罕至的群岛北部地区被发现。这3个物种是它们所在的属中仅有的成员，都是在相当于罗德岛一半大小的海域中发现的。

海葵鱼和它的家

我在印度洋–太平洋热带海域的珊瑚礁上潜水了许多次，观察海葵鱼的滑稽动作。在西部的红海只发现了一个本土物种，而在东部的斐济，2010年又发现了一种最新的海葵鱼，它们在海葵触手之间的嬉戏令人着迷。它们会赶走比自己大得多的动物（包括潜水员），它们甚至有自己的个性。因此，不难看出为什么它们会被选为皮克斯动画电影的主角。

海葵鱼可以说是雀鲷中颜色最鲜艳、最有趣的种类。尼莫让小丑鱼声名鹊起，但小丑鱼只是海葵鱼中的一种。它因明亮的体色而得名，看起来就像小丑演员的大花脸。海葵鱼身上通常有橙色、黄色、灰色和黑色的花纹，大多数有白色垂直条纹或背条纹。有30种海葵鱼遍布印度洋–太平洋热带海域，但没有一种是在大西洋、加勒比海或地中海发现的。

在天然海洋中，所有海葵鱼都必须与海葵在一起，这意味着在一般情况下，这些鱼不会选择独自生活。因此，它们的数量和分布与其共生的海葵的数量和分布直接相关。共生特异性在海葵鱼之间差异很大，有些只与一种海葵

生活在一起，而更具广适性的海葵鱼能够与所有10种海葵生活在一起。在2种分布广泛的海葵中，栖息的海葵鱼多达13种。通常情况下，同一时间只有一种海葵鱼居住在一只海葵中，但偶尔会有两种海葵鱼同居。[87] 研究人员发现，中等毒性的海葵容纳了大多数的海葵鱼，此外还有其他雀鲷和甲壳类动物趁机把海葵当作自己的家。海葵鱼通常会避开毒性最大的海葵和毒性最小的海葵，这大概是由于它们很难使自己免受有毒触手的螫刺，或者毒性小的海葵难以提供安全的保护。

没有什么比在浅水区的珊瑚礁上游荡，心不在焉地看着鱼儿们忙着自己的事情更让人放松的了。有一天，在印度尼西亚巴厘岛的一片浅滩上，我就像这样潜水，寻找偶尔出现的神秘生物。我突然发现了一只圆盘状海葵，它躺在开阔的沙地上，旁边有一个翻过来的椰子壳。椰子壳上覆盖着一层鲜艳的橘黄色东西。我游近了细看时，突然感到面镜被击打了一下。我环顾四周，但什么也没发现。忽然，我又感觉到了一次击打，这一次，一条海葵鱼橘红色的尾巴吸引了我的目光。它从我面前游开，然后回头看我，准备再次发动攻击。这时我才知道椰子壳上那层鲜艳的橘黄色东西是一窝刚产出来的鱼卵，便向后退了几步以示歉意。可这对新妈妈来说还不够——这条小鱼再次对我发动了一连串的攻击。

上图：棘颊雀鲷。摄于印度尼西亚西巴布亚岛，拉贾安帕

对页上图：正常的海葵双锯鱼（*Amphiprion percula*）。摄于印度尼西亚西巴布亚岛，天堂鸟湾

对页下图：异常的项环双锯鱼。摄于印度尼西亚巴厘岛

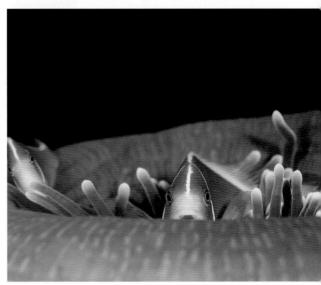

第一行，从左到右：
双锯鱼和斑点瓷蟹。摄于印度尼西亚西巴布亚岛，拉贾安帕

克氏双锯鱼（Amphiprion clarkii）和潜水员。摄于印度尼西亚苏拉威西岛，瓦卡托比

第二行，从左到右：
双锯鱼在宣称拥有一只小海葵。摄于印度尼西亚桑朗岛

项环双锯鱼在海葵里。摄于印度尼西亚西巴布亚岛，拉贾安帕

当我游开的时候，我还能感觉到身体不同部位受到了攻击，直到我意识到自己实际上已经游到离海葵10米远的地方。我转过身，就在那一刻，这条海葵鱼似乎意识到了它的错误。它胆怯地瘫倒在沙地上，想找个藏身之处。它如此专注地保护卵和海葵宿主，以至于离家远得超出了预期——这天它活动的距离可能比它整个成年期活动的距离都远。我把它带回它的宿主那里。当那只海葵出现在它的视线里时，它迅速游回海葵触手下的安全巢穴，向它的室友们打招呼。

海葵鱼和它的宿主海葵之间的共生关系是珊瑚礁上被研究得最多的动物关系之一。早期的研究人员认为，海葵鱼对海葵的主要好处是它们的排泄物可以作为海葵生长的"肥料"。它们的排泄物已被证明可以加快海葵的生长速度，并提高无性繁殖的频

率。[88] 通过捕食路过的浮游生物，海葵鱼可以利用这些被忽视的资源并将其传递给宿主海葵。此外，海葵鱼对海葵最有利的作用是保护它们免受特殊掠食性珊瑚礁鱼类的伤害，比如蝴蝶鱼就很喜欢吃掉海葵的触手。

我在巴厘岛与海葵鱼打交道的经历说明了这些小鱼是多么好斗。我见过它们把毫无戒心的潜水员咬出血。幸运的是，它们只有4~12厘米长，否则在它们附近潜水可能真的有危险。反过来，海葵带刺的触手能够保护海葵鱼免受捕食者的伤害。没有这种保护，捕食者很快就会把海葵鱼吞掉。

就像所有的互利共生关系一样，海葵和海葵鱼之间的关系对双方都有明显的好处。这种关系使有海葵鱼居住的海葵生长和生存状况好于那些没有海葵鱼居住的海葵；海葵鱼也过着相对轻松的生

上图： 橙鳍双锯鱼（*Amphiprion chrysopterus*）和六带鲹（*Caranx sexfasciatus*）。摄于所罗门群岛

活，不但免受大多数捕食者的威胁，与其他种类的竞争也减少了。在已知的体形相似的雀鲷中，海葵鱼是寿命最长的，它们的自然死亡率很低。其他体形相似的雌鱼平均寿命为5~10年，而小丑鱼可以活到35岁（一些乐观的结论表明它们可以活到90岁）。[89]

虽然这种共生关系是海葵和海葵鱼的基本关系，但这里还有第三种共生关系，这是生态链上的最后一环。为了使能量循环利用最大化，就像造礁珊瑚的珊瑚虫一样，海葵的细胞中有微小的藻类，主要是共生甲藻属的虫黄藻。和在珊瑚虫中一样，虫黄藻利用阳光进行光合作用并产生海葵所需的能量；作为回报，海葵为虫黄藻提供自己的排泄废物作为藻类生长的肥料。海葵、虫黄藻和鱼类共同形成了一种非常亲密的关系，这对三方都有利。

社会等级

海葵鱼以离散的小群体的形式生活，很少离开它们的宿主几米远。人们生活在这样的永久性群体中可能在社交上感到不舒服，于是产生了这样一个问题：海葵鱼的社会是如何组织的？事实上，这些群体的社会结构是海葵鱼生物学中被研究得最充分和最吸引人的方面之一。

在东南亚的珊瑚礁潜水时，我遇到过像奥利奥饼干那么小的海葵，里面住着一条非常小的海葵鱼。其他情况下，通常是一个多达6条海葵鱼的群体居住在一只直径50厘米的大型海葵中。定居下来后，海葵鱼通常生活在隔离的群体中，不会与其他群体发生互动。加入某只海葵的机会只在海葵鱼幼鱼浮游阶段的末期才会出现，所以这是海葵鱼生命中极其关键的时刻。

已建立的海葵鱼群体包括一对一夫一妻制的繁殖伴侣和多达4条的不繁殖的下级鱼。繁殖伴侣由一条体形大的雌鱼和一条体形小的雄鱼组成。非繁殖鱼的体形则依次变小，它们的大小取决于它们到达海葵的顺序。非繁殖鱼不以任何方式协助繁殖伴侣的繁殖，也不阻碍繁殖。正因为如此，繁殖伴侣才能容忍它们的存在，但这也是有限度的。

当海葵鱼群体的雌鱼死亡时，情况突然发生了变化。它的死亡对整个群体产生了深远的影响，并引发了一系列事件，这些事件在动画电影中肯定被省略了。几乎就在此时，群体中最大的雄鱼开始了一个不可逆的变性过程，变成雌性。最大的非繁殖鱼也开始发生变化：它的精原细胞被激活，使它成为群体中繁殖能力最强的雄性。按照群体动力学理论，海葵鱼的社会群体被描述为一个队列。[90] 年轻的鱼只能通过简单的论资排辈被动地向社会的上层移动，因为它们比年长和地位高的同伴活得更久。

此时，在"链条"的底部出现了一个空缺，一条新来的幼鱼通常会被接纳到群体中。在此之前，"原住民"会控制新成员的加入，这就限制了鱼群的个体总数。海葵鱼群体的个体总数很大程度上取决于海葵的大小。显而易见，幼鱼更愿意加入一个更小的群体，因为这意味着它加入的队列更短，它很可能更快地繁殖。然而，在热带珊瑚礁上，所有的海葵基本上都有海葵鱼居住，所以幼鱼很少有挑选的机会。

碰巧的是，性别多态性在珊瑚礁上相当普遍。许多鱼类的个体分为雄性和雌性，这被称为"雌雄异体"；其他一些种类的个体同时有两种性别，同时产生精子和卵子，这被称为"雌雄同体"。还有一些鱼在一生中会改变性别，这个过程被称为"性别转换"。珊瑚礁上最普遍的性别转换形式似乎是雌性先熟，即鱼最初是雌

上图：鞍斑双锯鱼（Amphiprion polymnus）正在照料它的卵。摄于菲律宾吕宋岛，阿尼洛

对页上图：豪勋爵岛的鞍斑双锯鱼。摄于澳大利亚豪勋爵岛

对页下图：麦氏双锯鱼（Amphiprion mccullochi）正在孵化成熟的卵。摄于澳大利亚豪勋爵岛

性，后来变成雄性。隆头鱼、鹦嘴鱼，甚至一些豆娘鱼都表现出这种变化。在海葵鱼身上观察到的雄性到雌性的变化被称为"雄性先熟"。

在海葵鱼群体中，雌鱼专横地通过攻击行为来控制下级鱼的性别变化。在位雌鱼的应激激素水平最高。鱼的等级越低，其应激激素水平就越低。应激激素水平高会促使雄性激素转化为雌性激素，并启动身体的形态变化。雌鱼死后，雄鱼立即变得更具攻击性和控制力，体内激素水平的改变引发了一连串的变化。雄鱼需要大约6周的时间才能转变为性活跃的雌鱼，并发育出功能强大的卵巢。

作为"家长"的雌鱼的攻击性也会抑制群体中其他成员的成长，导致个体之间形成明显的大小差异。雌鱼通常比雄鱼大1.6倍，是群体中最大的个体。这样的体形保证它能产下大量的卵。雌鱼死亡后，其余个体依次上升一个社会等级，并使体长增长一定的长度，以达到之前上一级个体的体长。[91] 平均来说，能繁殖的雄鱼和最大的不繁殖的雄鱼通常有1厘米的体长差距，所以在最大的不繁殖的雄鱼转变为有性行为后，队列中下一条不繁殖的雄鱼也会长大。

在海葵鱼的社会中，社会等级非常重要。研究人员已经发现，一条鱼的社会等级对其死亡可能性的影响最大。[92] 明显的体形大小差异有助于减少个体之间的冲突和竞争。如果有社会动荡，更占优势的个体可能杀死篡位者或者将其驱逐出海葵，被驱逐的海葵鱼几乎必然死亡。如果不同等级的海葵鱼能够保持大小差异，这种冲突一般可以避免。

产卵

海葵鱼群体一旦建立了稳定的等级体系，它们很快就会忙碌起来。新形成的配偶关系（雄鱼刚刚变性）比老的配偶关系持续的时间更长。雄鱼通过夸示行为和下巴发出的滴答声来求偶。然后它开始咬产卵的基质，以及邻近这个区域的海葵触手，导致触手收缩。雄鱼的嘴唇和面部组织经常会因为清理准备筑巢的区域而受损。雌鱼的攻击性在这个时候很强，会给雄鱼带来压力。就像一个有压力的人会咬指甲一样，雄鱼会通过咬基质来释放这些沮丧情绪。

海葵鱼需要一个坚硬的表面来产卵，有时它们的宿主海葵生活在松软的沙地上。在这种情况下，雌鱼必须把卵产在附近的贝壳、椰子或木头上，这些东西靠得越近越好。在非常罕见的情况下，海葵可以通过松开基部被水流冲走来移动，但对一群需要筑巢表面的海葵鱼来说，这种情况似乎不太可能经常发生。

有些种类的海葵鱼可以在一天中的任何时间产卵，而有些种类的海葵鱼只在日落后的两三个小时里产卵。[93] 海葵鱼的卵刚产出来时是亮橙色的，但随着它们的发育，颜色会变暗，直到孵化前不久，人们才可能看到卵内的鱼苗。整个产卵过程大约需要90分钟，随后的照顾大多是由雄鱼完成的。这种分工让雌鱼花宝贵的时间补充能量，为产下一窝卵做好准备。孵卵的雄鱼非常细心，用胸鳍扇动水流，仔细检查窝中是否有死卵（雄鱼会吃掉死卵），检查疾病或真菌是否会传播并破坏健康的卵。扇动水流有助于为卵提供氧气，因此孵卵的雄鱼在卵孵化前的片刻会加大这种动作。这个时候

上图：海葵鱼的卵即将孵化，鱼苗的眼睛清晰可见。摄于印度尼西亚西巴布亚岛，拉贾安帕

鱼苗在卵里最活跃，它们的动作加上它们银色的大眼睛，足以引起父母的注意。

孵化期由水温决定。虽然在热带海域中海葵鱼可以全年繁殖，但在较冷的水域，海葵鱼往往只在温度较高的6个月左右的时间产卵。孵化的时间与满月相吻合，也就是春潮带来的最高潮期和最低潮期。由此产生的潮汐造成了这一个月里最强的洋流，从而最有效地将鱼苗从窝中扩散出去。大多数热带海葵鱼每月产下两窝卵，一对经验丰富的海葵鱼夫妇每年可产下7000~18500枚卵，具体情况取决于它们的种类。虽然这听起来很多，但在种群稳定的情况下，可能只有一对成年海葵鱼夫妇取代它们的父母。

脆弱关系

当你在偏远的健康珊瑚礁潜水时，如果你认为海葵鱼种群非常稳定，不会面临重大威胁，那是可以理解的。目前有30种海葵鱼被命名，但只有16种被世界自然保护联盟（IUCN）的濒危物种红色名录评估。红色名录是评估一个物种保护状况的全球标准。被评估的16种海葵鱼都被列为"无危"。但令人担忧的是，一些最具潜在风险的物种还没有被评估。

豪勋爵岛位于悉尼东北800千米处，是亚热带太平洋中一个与世隔绝的小岛。它的面积是曼哈顿的1/4，由700万年前的一次大规模火山喷发形成。豪勋爵岛古老而偏远，岛上有地球上其他地方找不到的特有生物。其中有113种植物和近1000种昆虫，包括一种10厘米长的极濒危竹节虫。这种昆虫被认为已经灭绝了近一个世纪，但2001年在豪勋爵岛的一个小卫星岛上被重新发现。该岛周围的珊瑚礁上有16种当地特有的鱼类，包括克里蒙氏海马（*Hippocampus colemani*）、波带蝴蝶鱼（*Chaetodon tricinctus*）、宽带双蝶鱼（*Amphichaetodon howensis*）、额瘤盔鱼（*Coris bulbifrons*），以及半带月蝶鱼（*Genicanthus semicinctus*）和巴林荷包鱼（*Chaetodontoplus ballinae*）。这里还有一种本土海葵鱼——麦氏双锯鱼。

麦氏双锯鱼可以说是海葵鱼中分布范围最小的，它仅以豪勋爵岛和澳大利亚其他几个孤立的海洋岛屿为家园。科学家在1929年对这种鱼进行了科学描述。尽管人们对其潜在的保护问题感到担忧，但它的灭绝风险尚未得到评估。虽然大多数其他海葵鱼分布更广，但它们都是专一栖息性鱼类，依靠健康的海葵生存。[94] 麦氏双锯鱼只依赖一种宿主海葵生活，再加上它有限的地理分布范围和较少的本土种群，使它面临着更大的灭绝风险。在珊瑚礁鱼类中，海葵鱼已经受到了最广泛的研究和关注，但仍有很多东西需要我们了解。

海葵鱼很受欢迎，但就像名人一样，太受欢迎也可能导致其种群的衰落。甚至在尼莫成为全球关注的对象之前，海葵鱼就已经是1997~2002年间全球交易的1471种观赏性海水鱼中最受欢迎的鱼了。[95] 在那段时间，菲律宾、印度尼西亚和所罗门群岛是全球80%的野生海水观赏鱼的原产地，共出口14.5万条野生海葵鱼。虽然海葵鱼是贸易中相对较少的商业养殖鱼类之一，但由于需求量非常大，很多海葵鱼都是从野外捕捞的。野生种群面临的压力如此之大，以至于在一些珊瑚礁上，海葵鱼已经灭绝了。仅在2002年1~4月，菲律宾一个地区的海葵和海葵鱼就占贸易量的近60%，当时共捕获了1700条海葵鱼。显然，对这种长寿的、社会等级复杂的鱼来说，这种程度的捕捞很可能严重减少它们的种群数量。[96]

白化

共生是促进珊瑚礁非凡的生物多样性演化的关键因素。然而，不幸的是，这种关系有可能导致灾难性破坏，并使生态系统陷入停顿。自1998年以来，我们经历了3次具有毁灭性的全球大规模白化事件。[97] 白化不仅影响到珊瑚，也影响到珊瑚礁上的其他无脊椎动物，如砗磲、海绵、软珊瑚和海葵。多种局部影响可能引起珊瑚的白化，但广泛的白化事件可能与海水温度升高直接相关。

白化涉及单细胞藻类和它们的无脊椎宿主之间的共生关系的破裂。藻类从宿主的细胞中被驱逐出来，可没有了藻类所含的色素，其宿主就会变成白色，如同幽灵一般。在与海葵鱼共生的所有10种

上图：白化海葵中的眼斑双锯鱼。摄于印度尼西亚西巴布亚岛，拉贾安帕

海葵以及它们共同分布的地理范围内，都有海葵白化的记录。在白化的地理模式中有大量的变化，这些模式我们还没有完全了解。海葵的种类、生长地形、深度和地理位置似乎都影响着海葵发生白化的风险。这种共生关系的破坏对海葵的健康有影响，因为其细胞中的共生藻类提供了一系列参与代谢过程的化学物质。白化不一定导致海葵的死亡，但在极端或长期的海水温度上升的情况下，海葵死亡是一个必然的结局。如果温度变化不那么严重，海葵可能白化但继续存活，那么在稍后的海水降温阶段海葵可能重新获得健康的藻类种群。[98]

　　海葵自然寿命可以超过100年，而且很少有天敌，这使得它们在白化事件的频率和严重程度增高时非常脆弱。在法属波利尼西亚开展的一项研究中，研究区域内有一半的海葵由于海水温度升高而白化。[99] 在日本南部，17%的某种海葵在白化后不久死亡。另一种海葵在过去的6年里没有发生过一次自然死亡，而目前其死亡率达到了25%。巴布亚新几内亚的一项研究发现，35%的海葵被记录发生了白化。[100] 很少有海葵死于白化，但这些白化海葵的体积减小了$1/3$。

就像海葵和细胞内藻类之间的共生关系被白化过程破坏一样，海葵和海葵鱼之间的共生关系也受到了影响。在2016年和2017年的部分时间里，由于白化的破坏作用，大堡礁的一个区域有一半的黑双锯鱼死亡。[101] 海葵鱼的死亡率通常不会这么高。然而，白化事件肯定会影响海葵鱼的整体健康。研究人员已经发现，生活在白化海葵中的双锯鱼的产卵量大大减小，减小了$1/3$~$3/4$。[102] 栖息在白化海葵中时，双锯鱼受到的压力变大，这可能是它们繁殖能力减弱的原因。它们似乎为了生存而牺牲了自己的繁殖潜力。即使在海水恢复正常温度后，这些鱼也需要3~4个月才能恢复正常的繁殖能力。

紧张的海葵鱼为了生存会采取铤而走险的措施。2016年，新加坡海域水温急剧升高，导致一条白条双锯鱼（*Amphiprion fre-natus*）突然开始与眼斑双锯鱼一起居住在另一只不同种类的海葵中，而之前白条双锯鱼仅有生活在一种海葵中的记录。[103] 1998年，日本发生了大规模的白化事件，大量海葵因此灭绝，以至于几年后，一项研究发现一条绝望的克氏双锯鱼独自在软珊瑚中生活了至少20个月。[104] 海葵鱼的幼鱼会主动避免在已经白化的海葵上定居，因此白化对海葵鱼种群的长期影响可能是深远的。[105]

据预测，由于气候变化，白化事件在未来几年到几十年将更加频繁。如果海葵和海葵鱼不能以某种方式适应上升的海水温度，它们的数量可能显著减少。全球有51种鱼类在生命中的一段时间里与海葵产生联系，所以白化事件的影响不仅限于海葵鱼。

第七章

侏儒海马：马厩里的故事

当第一道蓝色的光划开黑暗的天空时，我小心翼翼地沿着滑溜溜的梯子往下走。我带着全套的潜水装备和压缩气瓶，以及记事板、脚蹼和水下摄像机——这些装备都在我的身体周围。恍惚之间，我沉入了漆黑得不可思议的水中。卸下尘世的重担，我在黎明时分来到了失重而宁静的珊瑚礁世界。

在印度尼西亚热带潟湖的浅滩上游泳，感觉既诡异又宁静。当我经过防波堤时，我坚定了自己的意志。每天早上，我和那只原本熟睡的海龟都会同时被对方吓到。它从平静中猛然惊醒，以飞快的速度游走，消失在开阔的水面。附近，一条鹦嘴鱼仍然在它的保护性黏液茧里熟睡着，而一些早起的珊瑚礁上层鱼类开始了它们的晨间沐浴。

太阳在我身后升起，我穿过礁石的顶端，沿着珊瑚墙潜下去。黑暗中只有一群发光的灯眼鱼，它们眼睛下面的特殊囊袋里的共生细菌发出不协调的光。我的出现吓走了这些摇曳的生物"灯笼"。漆黑的礁石区异常安静。在这个与世隔绝的时刻，我的目标是成为少数有幸目睹过侏儒海马诞生的人之一。这些神秘、有魅力、鲜为人知的小鱼一直不愿透露自己的秘密，直到现在。

对页：橘色海马变种，2003年获得物种描述。摄于印度尼西亚苏拉威西岛，瓦卡托比

左上图：刺海马（*Hippocampus histrix*）。摄于印度尼西亚安汶

右上图：刺海马。摄于菲律宾内格罗斯岛，杜马格特

对页上图：短头肖孔海马（*Siokunichthys breviceps*）。摄于印度尼西亚西巴布亚岛，拉贾安帕

对页中图：在单个珊瑚虫的衬托下显得矮小的勃氏鳗海龙（*Bulbonaricus brauni*）。摄于印度尼西亚西巴布亚岛，海神湾

对页下图：斑节海龙（*Microphis manadensis*），仅在珊瑚三角区附近的几个地方被发现。摄于印度尼西亚西巴布亚岛，海神湾

在我开始计划写博士论文时，我的论文题为"柳珊瑚相关的侏儒海马的生物学和保护"，我从来没有预想过它会成为多么吸引人的课题。[106] 在对侏儒海马进行首次生物学研究的过程中，我开始探索它们的私人生活。博物馆的标本已经证实了侏儒海马是雄性妊娠，但自从1970年人们偶然发现它们以来，它们在东南亚珊瑚礁上的自然行为一直是个谜。因此，我没有预料到自己关于这个物种的笔记读起来更像《五十度灰》的系列小说，而不像科学记录，它揭示了这种神秘动物许多最黑暗的秘密。

海龙鱼家族

海龙鱼科（Syngnathidae）是一个庞大而多样的鱼类集合，在世界上所有的海洋中都能找到它们。这是一个科学上的分类，意思是"融合的双颚"，这个科聚集了海马和它们的亲戚：海龙、管海马和侏儒海马。在这一类群中有几百种不同的鱼，比如漂浮在南澳大利亚海藻森林中美丽的叶海龙，以及身体像几根辫子一样粗的微型印度尼西亚驼海龙（*Kyonemichthys rumengani*）。不出所料，鉴于其中一些动物的体形极小，新物种的发现有增无减。事实上，海龙鱼科的研究仍处于海洋新发现的前沿。直到2007年，印度尼西亚驼海龙才被命名。更新的发现是在2015年，科学界震惊于澳大利亚西部海域发现的第三种叶海龙——杜氏叶海龙。这种海龙以前只被渔船的拖网捕获过，现在加入了非常漂亮的叶海龙属的行列。

海龙鱼科的许多物种在形态学上有一些共同的特征，这些特征表明它们继承了共同的演化遗产：管状的吻末端形成噘起的嘴，坚硬的骨板取代了普通的鳞片。所有物种都是雄性孵卵。

与许多新发现的海洋物种一样，大多数新发现的海龙都很小，伪装得很好，而且栖息地非常特殊。2008年，琳恩·范多克在巴布亚新几内亚的一个偏远角落潜水时第一次发现了一条奇怪的亮粉色海龙鱼。在接下来的7年里，琳恩在珊瑚三角区寻找更多这种神秘的小动物。这种海龙鱼只有牙签大小，生活在陡峭的珊瑚墙上，那里有一小块小而艳丽的海绵。仅凭肉眼几乎无法将这种海龙鱼和它的栖息地区分开来，所以如果没有琳恩鹰眼般的利眼，这种鱼可能

永远不会引起科学家的注意。直到2015年，对其进行科学描述的科学团队在收集了标本后，才给它起了学名——红光尾海龙（*Festucalex rufus*）。

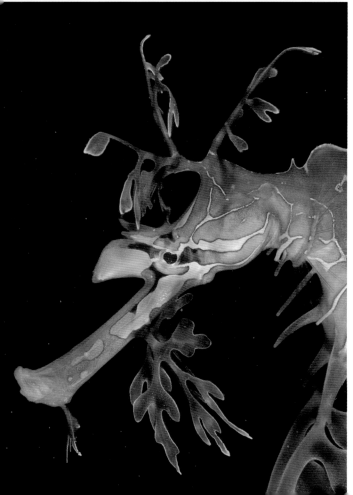

我很幸运地看到了这些小宝贝。第一次是在所罗门群岛，我从一些朋友那里得知琳恩在这个地区发现了一些个体。在发现的那天，我的潜伴山姆正在水面以下18米的礁石墙上仔细观察。突然，他抬起头来，示意我过去看一块铅笔状的粉红色海绵，那里有一条蠕虫状的海龙鱼在高耸的海藻叶片之间摆动。我尽可能长时间地待在水下（好吧，尽可能长时间地待在水下，同时不让我的血液中积累太多的氮），希望找到它的配偶。根据经验，我知道这种生境中的物种倾向于雄性和雌性成对生活。在一步之遥的地方，我发现了对应的雄性。这些鱼非常罕见，它们对环境的需求非常特殊，了解它们的确切生活地点可以使找到它们变得容易得多。

海马

我们很容易列举出海马所具有的所有不同寻常的特征：像马头一样的头，皱巴巴的噘着的嘴，可以独立转动的眼睛，像猴子尾巴一样可以缠绕的尾巴，以及奇怪的繁殖过程。海马父亲的非凡忠诚和严格的一夫一妻制可以说是动物王国中独一无二的特性。

截至我撰写本书时，世界自然保护联盟已确定了42种海马，但这个数据一直在变化。目前，所有的海马都归于海马属——*Hippocampus*，这个词源自希腊语，意为"像马一样的海怪"。历史上海马物种的数量存在很大的不一致性。在过去的200年里，科学文献中海马属成员的物种名称多达140个。[107] 2009年，海马属迅速膨胀，一位作者提出有83个物种；然而，经过研究人员认真修改，海马属的物种数量大幅度减少。

上图，从上到下：

印度尼西亚驼海龙，只有2厘米长，2007年获得物种描述。摄于菲律宾宿务岛

澳洲叶海龙。摄于澳大利亚维多利亚

对页上图：雄性短身细尾海龙（*Acentronura breviperula*）。摄于菲律宾内格罗斯岛，杜马格特

对页左下图：澳洲枝叶海龙的头部细节。摄于南澳大利亚

对页右下图：澳洲叶海龙和潜水员。摄于澳大利亚塔斯马尼亚岛

上图：红光尾海龙在它模仿的海绵中，2015年获得物种描述。摄于所罗门群岛

海马种类鉴别中的一些困难是由某些物种内部存在的巨大差异造成的。与雌性相比，雄性尾巴更长、身体更短。与成年的个体相比，年轻的个体通常拥有比例更大的头，更多的刺，以及更细、更突出的牙冠。[108] 此外，它们的颜色也多变，具体是什么颜色取决于栖息地的环境，比如它们所居住的海绵的颜色。局部条件也会影响刺的突出程度，以及皮肤的丝状外观——海马的皮肤上覆盖着一层"细线"，有时看起来毛茸茸的。这种完美的外观适应能力有助于海马不易被捕食者发现，但也使分类学家难以通过形态特征确定它们在分类学上的地位。

人们在澳大利亚和亚洲发现了数量最多的海马物种，但海马的生活范围绝不局限于热带海域。甚至泰晤士河口也发现过海马，

那里距离伦敦的英国议会大厦（威斯敏斯特宫）只有8千米。除了极地，世界各地的海洋中都有它们的身影。它们几乎生活在所有海域。绝大多数海马并不生活在珊瑚礁上，而更喜欢海藻床、红树林和淤泥质的海底。其中，身体最大的是膨腹海马（*Hippocampus abdominalis*），经常在澳大利亚南部和新西兰的防波堤附近被发现，长度可达30厘米；身体最小的是萨氏海马，其长度几乎不超过一角硬币的直径。

左上图：世界上最大的海马——膨腹海马。摄于澳大利亚维多利亚

右上图：世界上最小的海马——萨氏海马，2008年获得物种描述。摄于印度尼西亚西巴布亚岛，拉贾安帕

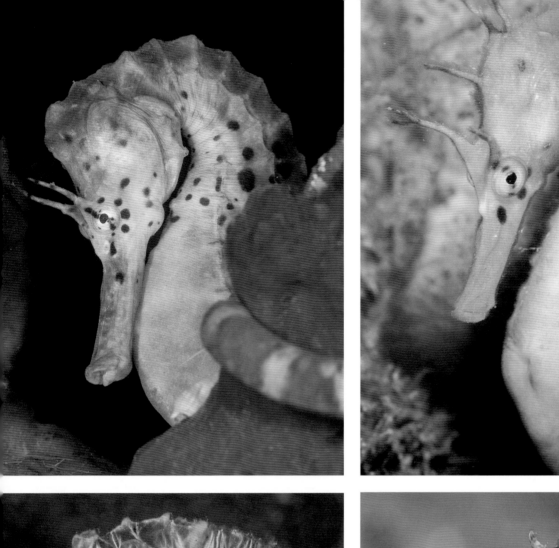

海马父亲的育儿经

　　海马繁殖行为最著名和最吸引人的方面是雄性怀孕。雄性海马并不是唯一一种付出巨大努力抚养后代的雄性动物，却是唯一会怀孕的雄性动物，并受到这种行为的各方面的影响，甚至包括产生妊娠纹。雌性海马将未受精的卵直接转移到雄性海马的育儿袋，使雄性海马对自己的父权充满信心。雄性海马用育儿袋滋养它的后代，为后代提供了一个完美的发育环境。不像其他动物滥交很普遍，雄性海马百分百确定它怀着的每一个后代都是亲生的。这就解释了为什么雄性海马在养育幼海马时愿意付出极致的努力。尽可能多地养育后代对雄性海马来说是最有利的，这样它就能把自己的基因延续下去。不同海马个体的繁育数量差别很大：较大的海马一窝能产下1000多尾幼鱼，而最小的海马一窝只能产下6尾幼鱼。

　　每天，一对对海马在黎明或黄昏相遇，举行求偶仪式（不同的物种求偶的时间不同）。这些关键时刻能够保证配对成功的夫妇的生殖周期同步，这一同步过程为雌性海马提供了保证。它需要为一窝卵补水——这是它将卵转移给雄性海马之前的必要步骤。雌性海马一旦开始补水，卵的水合作用就不可逆了，所以雌性海马要确定它的配偶愿意并且能够接受卵，这一点很重要。如果雌性海马没有在持续几天的水合过程结束时转移卵，卵就会污染和损害它的生殖器官。即使雌性海马没有因此生病，如此大量的稀缺资源——卵——的浪费也会造成严重损失。使生殖周期保持同步是有益的，因为这样可以提高配偶双方的整体繁殖率。被迫在实验室条件下更换交配对象的海马在接下来的几次繁殖中产生的后代会变少。[109] 从长期来看，一夫一妻制是一种更稳定、更可持续的选择。

　　尽管在许多水族馆的研究中，海马被提供了多个配偶，但从来没有一只雄性或雌性海马在雄性怀孕期间与另一异性再次交配的案例。海马通常更喜欢与同一配偶在一起度过一个繁殖季，甚至一辈子。雄性海马在交配后关闭育儿袋，因为海水的入侵会损坏里面的卵，但这也被认为是为了防止雄性海马接受来自多只不同雌性海马的卵。此外，人们认为，雌性海马产卵所耗费的能量会使它

对页第一行，从左到右：
膨腹海马的颜色变化。摄于澳大利亚维多利亚

对页第二行，从左到右：
三斑海马（*Hippocampus trimaculatus*），罕见的斑马形态。摄于印度尼西亚苏拉威西岛，伦贝海峡

怀孕的雄性刺海马。摄于菲律宾内格罗斯岛，杜马格特

上图：短头海马（*Hip-pocampus breviceps*）。摄于南澳大利亚

在将卵转移给配偶后无法再次交配。这导致海马夫妇形成了可以持续一生的持久的纽带。这是海洋中真正的浪漫。更有甚者，有些海马在长期配偶死亡后，可能永远不再交配。

矮人和侏儒

当你观察世界自然保护联盟认可的42种海马时，你会发现一个奇怪的模式：许多较大的物种体长超过了10厘米，但有12个物种体长为5厘米或更短。这种矮小化的趋势似乎是由于海马喜欢找与自己体形相近的配偶而演化产生的。体形较小的雄性海马倾向于与体形较小的雌性海马交配，体形较大的倾向于选择体形较大的配偶。选择体形相近的配偶可以使双方尽可能多地养育后代。[110] 如果一只体形庞大的雄性海马与一只体形较小的雌性海马交配，它的育儿袋的空间就得不到充分利用；反之，如果一只体形小的雄性海马与一只体形大的雌性海马交配，它的育儿袋就没有足够的空间来容纳对方的一窝卵，一些卵就会被浪费掉。随着时间的推移，体形小的海马与其他体形小的海马的优先交配将它们的体形推向了极端，从而形成了非常小的物种。

在澳大利亚南部、墨尔本外的莫宁顿半岛的码头周围，生活着两种海马。上面提到的膨腹海马是世界上最大的海马，长30厘米，

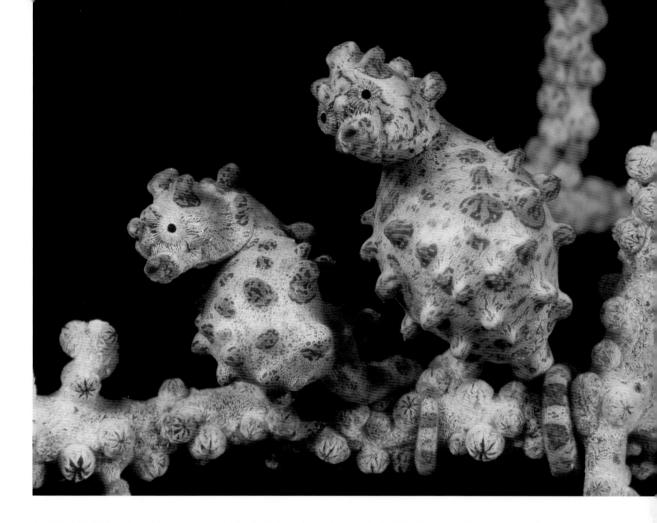

而短头海马长度不到10厘米。尽管它们体形不同，但它们是姐妹物种，是彼此最近的亲戚。

上图：两只巴氏海马。摄于印度尼西亚苏拉威西岛，瓦卡托比

1969年，新喀里多尼亚努美阿水族馆的潜水员乔治斯·巴吉伯特在采集柳珊瑚时意外地发现了一种未见过的、独特的海马。柳珊瑚相当于珊瑚礁上的橡树：它们可以存活100多年，为许多动物提供栖息地。柳珊瑚整体通常是扁平的，可以达到半个乒乓球桌的大小，颜色有亮红色、粉红色或黄色。它由一群巨大的珊瑚虫组成，在一天的特定时间（通常是当地洋流最强的时候）开放，过滤水中的食物颗粒。乔治斯在带着他采集的柳珊瑚回到船上之前花了一些时间观察，他凝视着亮红色珊瑚，突然发现两个奇怪的小生物粘在它的表面。他发现了第一种已知的侏儒海马。

一年后，这两只只有2.5厘米长的小海马以他的名字被命名为"巴氏海马"。巴氏海马身上覆盖着模拟珊瑚闭合水螅体的大结节，看起来就像它们所栖息的柳珊瑚一样。尽管它们有滑稽的

嚓着的嘴和引人注目的外表，但是一直默默无闻，直到20世纪90年代中期潜水员才开始陆续发现它们。我第一次知道它们是1999年在巴布亚新几内亚旅行时，但当时我没有看到潜导发现的一对。直到2002年，我才第一次看到——我的好朋友亚恩·阿尔费安在印度尼西亚的科莫多国家公园向我展示了他发现的一对。阿尔费安是一名印度尼西亚潜导，擅长观察小生物。

在过去的20年里，大量潜水员和崭露头角的水下博物学家开始探索热带浅海珊瑚礁。自21世纪初以来，他们发现了一系列未知的侏儒海马。2003年，橘色海马加入了巴氏海马的行列，成为另一种生活在柳珊瑚

上的物种，但它的生态耐受范围比巴氏海马的广。我通过研究发现，巴氏海马只在柳珊瑚的类尖柳珊瑚上被发现，它具有高度特异适应性。另外，我发现橘色海马居住在至少10种不同的柳珊瑚上。[111] 橘色海马在外表上也丰富多彩，一些是黄色的，还有一些是红色、白色和粉红色的。它们的表面纹理也各不相同，从光滑到极其凹凸不平，应有尽有，这完全取决于它们碰巧栖息的柳珊瑚的形态。

2003年，来自澳大利亚东海岸豪勋爵岛的克里蒙氏海马也加入了这个行列；2008年，彭氏海马、萨氏海马、赛氏海马也加入

上图，从上到下：

雌性橘色海马，2003年获得物种描述。摄于巴布亚新几内亚米尔恩湾

橘色海马在鞭状珊瑚上。摄于印度尼西亚苏拉威西岛，瓦卡托比

对页： 橘色海马在鞭状珊瑚上。摄于印度尼西亚苏拉威西岛，瓦卡托比

了这个行列。这4个物种都与巴氏海马和橘色海马有着根本的不同，因为它们通常不生活在一种特定的珊瑚上，而生活在海藻丛和丝状珊瑚礁无脊椎动物中。它们对选择栖息地的任性态度使它们特别难以被找到，因此，它们尚未成为任何科学研究的重点。事实上，就像之前发现的许多种海马一样，赛氏海马在2016年被合并到彭氏海马中，当时人们发现它们是同一个物种。事实证明，体色是它们获得不同名称的主要原因，棕色的被误认为是赛氏海马，白色的被认为是彭氏海马。

　　2009年，伟利海马（*Hippocampus waleananus*）被命名。这种迷人的海马只生活在印度尼西亚中部一个叫托米尼湾的地区的米黄色软珊瑚上，托米尼湾的面积大约相当于美国半个缅因州的面积。由于这个栖息地的特殊性和非常小的自然范围，伟利海马面临着真正的灭绝风险。不过，现在，在托米尼湾的珊瑚礁上，伟利海马在软珊瑚上游来游去，它滑稽的长尾巴适合抓住珊瑚的粗枝。游泳时，伟利海马将尾巴卷成一个小球，就像一位18世纪的女士一样，一边跑一边提着她的长裙。

　　真正的侏儒海马有几个特殊的形态以适应它们的小体形，并区别于其他海马。它们头部后面只有一个单独的鳃裂，它们在躯干中孵卵，而不像它们的大型亲戚一样在尾巴上的育儿袋中孵卵。与之相对，小海马（*Hippocampus zosterae*）除了体形之外，其他各方面都与较大的海马相同。它们有成对的鳃裂，它们的育儿袋在尾巴上，而不在躯干内。在海马演化的早期，侏儒海马从海马这个主要谱系中分离出来。

上图：彭氏海马，白色变种，2008年获得物种描述。摄于印度尼西亚苏拉威西岛，瓦卡托比

对页第一行，从左到右：雌性橘色海马，2003年获得物种描述。摄于巴布亚新几内亚米尔恩湾

橘色海马在鞭状珊瑚上。摄于印度尼西亚苏拉威西岛，瓦卡托比

对页第二行，从左至右：橘色海马变种。摄于印度尼西亚苏拉威西岛，瓦卡托比

正在游泳的伟利海马，2009年获得物种描述。摄于印度尼西亚苏拉威西岛，托米尼湾

左上图：伟利海马，
2009年获得物种描述。
摄于印度尼西亚苏拉威
西岛，托米尼湾

右上图：橘色海马正游
向它的分娩地点。摄于印
度尼西亚苏拉威西岛，
瓦卡托比

对页第一行，从左到右：
雄性橘色海马正在生两
只小海马。摄于印度尼
西亚苏拉威西岛，瓦卡
托比

橘色海马正在分娩。摄
于印度尼西亚苏拉威西
岛，瓦卡托比

对页第二行，从左到右：
雄性橘色海马正在分娩。
摄于印度尼西亚苏拉威
西岛，瓦卡托比

雄性橘色海马分娩完就
有环状妊娠纹。摄于印
度尼西亚苏拉威西岛，
瓦卡托比

侏儒海马的私生活

　　我尽量利用微弱的光线来观察眼前发生的一切：一只圆滚滚
的怀孕的雄性侏儒海马冒着生命危险，松开它紧紧缠着柳珊瑚的尾
巴，与水流搏斗，游到水流最急的地方。在那里，它重新依附到一
枝柳珊瑚上，一确定牢固了就开始分娩。

　　就在几分钟前，我逆流游了10分钟，沿着黑暗的珊瑚墙来到
了侏儒海马居住的柳珊瑚。我根据颜色和大小立刻把4位住户一一
找出来，然后在A4防水纸上草草地记录下来。在我进行研究的早
期，在潜导朋友们的潜移默化下，我对4只海马的刻板科学命名方
式从1、2、3、4变成汤姆、迪克、哈里和约瑟芬。这个群体的功
绩似乎值得为它们确定正式的名称。这种不寻常的夫妻关系——雌
性的约瑟芬和3只雄性海马的关系——给了我一个独特的机会来观
察传说中海马的一夫一妻制。一夫一妻制是海马繁殖的传统，我很
好奇这只雌性海马能否经受住可以开后宫的诱惑。

　　我到达后不久，柳珊瑚嗡嗡作响。汤姆的肚子肿得像个迷你篮
球，它从和同伴们共同居住的小角落游到一片空旷的边缘地带的柳
珊瑚上。它不费吹灰之力就弯下腰，把无数的小黑点释放到了海水
里。当然，这些小黑点就是过去两周它在育儿袋里培育的一窝小海
马。汤姆又一次弯腰，又一批小海马被释放到海水里。在被水流冲

左上图：*正在交配的橘色海马。左边的雌性腹中充满卵；右边的雄性腹部是空的，它刚分娩完。摄于印度尼西亚苏拉威西岛，瓦卡托比*

右上图：*45秒后，橘色海马结束交配。左边的雌性已经转移了卵，右边的雄性腹部充满了受精卵。摄于印度尼西亚苏拉威西岛，瓦卡托比*

走之前，小海马们展开身体，露出它们的遗传特征——它们就像父母的黑色迷你版。

出生后，新生海马就再也见不到父母了。在变幻的洋流中度过几周后，它们会找到属于自己的柳珊瑚并定居下来。我的研究表明，在找到合适的柳珊瑚后，它们只需要5天时间就能改变它们自由漂浮时的深色体表，使其在颜色和表面纹理上与新的柳珊瑚家园相一致。

汤姆分娩后明显筋疲力尽。它之前圆润的身体因压力和疲惫而干瘪。现在它肯定是这个动物王国里唯一有妊娠纹的雄性。这是汤姆唯一可以休息的时刻，而它的一天才刚刚开始。它刚分娩完就回到了其他3只海马休息的小角落。约瑟芬立刻注意到它回来了，然后两只海马肩并肩开始了古老的镜像动作和颤抖的仪式。每天的求偶舞蹈保证了这对夫妇的生殖周期同步，这让汤姆和约瑟芬很快就再次交配了。汤姆在告诉约瑟芬它已经分娩完，愿意再次交配后，它们慢慢松开了柳珊瑚，在柳珊瑚上方盘旋。它们的尾巴缠绕在一起，细小的生殖器开口连在了一起。约瑟芬的肚子因卵而肿胀，当它把那一窝未受精的卵塞进汤姆的育儿袋时，它的肚子逐渐缩小了。当卵进入汤姆的育儿袋时，它瘪瘪的、皱巴巴的肚子变得丰满起来。汤姆让这些卵受精，这确保了他当父亲的信心。45秒后，两只海马分开，汤姆大概需要休息一下。

在研究过程中，我发现了一个可怕的事实：并非所有海马家庭都是我们想象中的幸福家庭的写照。我经常发现汤姆、迪克和哈里这3只雄性海马打架。海马打架是一个令人惊讶的喜剧事件，它们使用的是它们最珍贵的部位——尾巴。在一次小冲突中，迪克缠住汤姆的尾巴根部，打算把它从柳珊瑚上推下去，而倒霉的汤姆不以为意地扭来扭去；哈里抓住这个机会，用尾巴缠住了迪克的脖子。两只体形较大的雄性海马都被缠住了，可它们都不想丢面子，不想放"手"。于是，斗殴持续了好几分钟。汤姆的尾巴因此扭伤了，好几天才痊愈！

当然，这些争斗背后的真正原因是可爱的约瑟芬。在我的研究过程中，骚乱的原因变得清晰起来。约瑟芬同时与汤姆和迪克交往。在雄性海马12天的妊娠期中，约瑟芬会在其中一只雄性海马分娩后与它交配，然后在6天后与另一只雄性海马交配，此时第一只雄性海马的妊娠期只剩一半了。两只雄性海马都怀孕了，约瑟芬一直在为它们的卵补水。它每天都要和这两只雄性海马分别共舞一次以记录它们的预产期。这是我首次发现海马实行一妻多夫制。因为这是一只雌性与两只雄性交配，所以在技术上叫"一妻多夫制"。它在英文中叫"polyandry"，这个词源自希腊语，意思是"许多男性"。可怜的哈里在我的研究过程中没有再被关注，它比其他两只雄性海马小得多，而且在摔跤比赛中也没有获得足够好的成绩。

接下来我将研究重点转向一只雄性海马主导的三"马"同居群体。我已经看到，在性别比例失衡的情况下，雌性（在这个例子中指约瑟芬）能够隔几天产下一窝卵，以便让两只雄性海马（汤姆和迪克）受孕。随后，我很好奇一只雄性海马是否会接受两只雌性海马的卵。幸运的是，在我进行研究的地方还有不少侏儒海马。我很快就找到了一个完美的群体，其成员包括布拉德、詹妮弗和安吉丽娜。

我花了很多时间和它们在一起，观察并记录它们的每一次互动。我发现布拉德和詹妮弗在柳珊瑚的一边共用一个核心区域，而安吉丽娜睡在柳珊瑚的另一边。核心区域是柳珊瑚的安全区域，它们在那里跳求偶舞蹈、交配和睡觉。而汤姆、迪克、哈里和约瑟芬则一起睡在一个较小的核心区域里。

在我的研究过程中，布拉德和詹妮弗一起养了好几窝后代，但一直以来布拉德都在与安吉丽娜调情。每天早上，在和詹妮弗跳完亲密的舞蹈后，布拉德会离开它们的核心区域，直接游到柳珊瑚的另一边，安吉丽娜在那里等待属于它的时间。然后，安吉丽娜和布拉德跳了同样的求偶舞蹈，但它们从未交配。在侏儒海马的世界里，最好是让你的选择保持开放性，以防你的配偶发生什么意外。与前面出现的好斗的雄性海马不同，这两只雌性海马避免了暴力，而选择了冷酷的漠不关心。

我进一步扩大搜寻范围，沿着珊瑚礁发现了另一群侏儒海马。在一枝鲜红色的柳珊瑚上，3对侏儒海马共享一个家。这为研究不同配偶组合如何相互作用提供了机会。当雄性海马有配偶时，它会产生嫉妒的行为吗？绘制它们的家庭活动范围和记录社交行为让我得出结论：它不会。在差不多34寸电视机屏幕大小的柳珊瑚上，这些海马的一生都被限制在一个狭小的区域内——有时仅有3张便签条大小，而最大的一个区域相当于一本杂志的两页版面的大小。雄性海马通常比雌性海马占用更小的空间，这可能是由于育儿袋充满后代时它难以移动。当与配偶愉快地安顿下来后，雄性海马似乎不会注意其他雄性海马，即使它们的活动范围经常重叠。捕食猎物以满足它们不断产卵和怀孕的需要是一项全职工作，所以它们必须不停寻找并吃掉住在柳珊瑚表面的小型甲壳类动物。

侏儒海马生态学

在深入研究了侏儒海马的私生活后，我开始了一项新任务，以

期发现更多关于侏儒海马的一般生物学特性。它们的伪装似乎可以防止任何掠食者的袭击，尽管另一种生活在柳珊瑚上的鱼——尖吻鲻（*Oxycirrhites typus*）——偶尔会享用一顿侏儒海马大餐。侏儒海马的寿命较短，可能只有12~18个月，这也解释了为什么它们在短暂而充实的一生中热衷于尽可能多地生育后代。

为了了解它们的数量，我调查了当地一块足球场大小的珊瑚礁。我发现的侏儒海马比想象中的少得多，如果你把它们的远房表亲算在内的话。我在整片海域不同深度和不同地点搜索了每一个柳珊瑚，但只找到12只巴氏海马和41只橘色海马。

虽然巴氏海马以类尖柳珊瑚为家非常罕见（我在研究区域只发现了25只），但这种海马非常适合居住在那里，所以1/5的类尖柳珊瑚上生活着巴氏海马。相比之下，橘色海马对其栖息的柳珊瑚就不那么挑剔了，但结果是它们对任何类型的柳珊瑚都不那么专一。

上图： 3只雄性橘色海马在用尾巴打斗。摄于印度尼西亚苏拉威西岛，瓦卡托比

结果，在我统计的近300个潜在的柳珊瑚栖息地中，有橘色海马居住的柳珊瑚不到8%。就巴氏海马的保护而言，这种情况让它们处于危险的境地。就像地中海的柳珊瑚经历了大规模的死亡一样[112]，这里的类尖柳珊瑚也有被疾病感染并集体死亡的风险。这显然也会导致巴氏海马在当地的灭绝。相反，橘色海马对柳珊瑚的种类没有那么挑剔，因此更有可能在类似的危险情况下生存下来。如果橘色海马居住的柳珊瑚中的一种灭绝了，那么它们可以转移到另一种柳珊瑚上。尽管有些许不同，这些动物都是栖息地"专家"的缩影，但遗憾的是，据我们所知，它们通常是最先消失的。

10年过去了，我们还没有发现新的侏儒海马。2017年在坦帕召开的全球海马研究人员会议再次开启了寻找海马新物种的进程。在那里，我做了关于海龙科鱼类多样性的主题演讲，并展示了我在日本发现的侏儒海马的图像。后来，我和一位同行谈起了这只侏儒海马，我确信它是新物种。尽管日本潜水界都知道它，但它还没有被科学命名。分类学本身就是一门科学，要给这种侏儒海马命名，团队合作是最好的办法。我第一次意识到这一点是在15年前，但对一个不会说日语的人来说，在日本潜水是非常困难的，所以我没能像我希望的那样充分地研究它。

2013年，在前往冲绳参加一个鱼类生物学会议之后，我觉得如果无法北上，至少应尝试去寻找这片小小的美景，否则就太对不起这次旅程了，所以我飞到了八丈岛，一座位于东京以南280千米的岛屿。经过45分钟的飞行，我眼前出现了两座火山，它们仿佛从蓝色的太平洋中突然冒出来一样。不久我就发现太平洋里充满了令人惊异的独特的鱼类和其他动物。在出色的潜导光太郎的带领下，我在这里第一次看到了日本的侏儒海马。"japapigu"，当地人是这么称呼这种海马的。在5天的时间里，我一共找到了13只这种侏儒海马。然而，2015年我带着4名经验丰富的潜水员再次来到这里时，我们经过彻底搜索只找到了一只。这让我意识到种群的波动是如何轻易地导致一种动物消失的，我们甚至还来不及将其列入生物名录。这让我比以往任何时候都更有动力去给它命名。

2018年8月，来自日本、澳大利亚、美国的同行以及我本人

（我是英国人）共同发表了一篇论文，正式将日本的侏儒海马命名为"*Hippocampus japapigu*"。[113] 虽然它在形态上与彭氏海马相似，但基因分析表明，这些小鱼大约在800万年前从其他侏儒海马种群中分离出来。谁知道海洋的其他地方是否还隐藏着其他同样独特的小海龙类动物呢。

种群保护

我们积累的关于海马的信息正慢慢地描绘出它们在生物学上的清晰特征。可以肯定的是，该类群面临着严重的威胁。2002年，海马和两种鲨鱼共同成为第一批被纳入《濒危野生动植物种国际贸易公约》（CITES）的鱼类。这一大胆而有争议的举措是由保护组织"海马计划"（*Project Seahorse*）率先提出的，旨在保护这些物种免受贸易中过度捕捞造成的影响。需求来自世界传统药材贸易，海马被认为可以缓解某些肺病、咽喉感染、失眠和腹痛。[114]（译者注：它们也被收集作为水族宠物和收藏品。）此外，据估计，每年仅在拖网渔船上就有3700万只海马被兼捕。[115] 由于捕虾的作业方式，我总是避免吃虾：拖网每捕捞到1千克虾，就会捕到10千克其他海洋动物，这些动物随即死去，被扔回大海。海马是众多被偶然捕获的动物中的一种，这无疑对海马的种群造成了破坏。

尽管海马面临如此巨大的生存压力，我们对它们的了解仍然相对较少。在世界自然保护联盟列出的42个物种中，有17个被列为"数据不足"，这意味着我们对它们的了解不够，甚至无法猜测它们可能面临怎样的威胁。在我们了解得比较充分的25个物种中，12个被列为"濒临灭绝"，2个被列为"濒危"。显然，我们需要收集更多关于它们的信息。"海马计划"组织的"爱海马"项目（*iSeahorse*）为公民科学家记录海马目击事件铺平了道路。几乎一半的海马目击记录以某种形式增加了以前未知的信息，15%的记录扩大了某些物种的已知地理范围。早在古希腊时代，海马就吸引着人类，但令人惊讶的是，这些神秘生物的真实面目直到最近几十年才开始被揭示。

第八章

寄生生物统治珊瑚礁

当"诺斯特罗莫号"的船员们簇拥在凯恩翻滚的身体周围时，面目狰狞的外星人幼崽骇人地从他的胃里猛地爆了出来，这是电影《异形》中最具代表性的一幕。几天前，"抱脸虫"贴在凯恩的脸上，植入了一个卵子；几天后，新生的寄生生物从他的胸膛里钻了出来，最后变成外星人的模样，在飞船里横冲直撞，无情地追杀西格妮·韦弗。尽管电影情节遵循了寄生生物的生命周期，但好莱坞无疑也运用了艺术手法进行演绎。幸运的是，并非所有的寄生生物都像电影中的这样可怕，但它们似乎无一例外地让我们起鸡皮疙瘩。就像蜘蛛、鼻涕虫和蛇一样，寄生生物在人们心目中是动物王国中底层的动物。它们是令人毛骨悚然的虫子，传播疾病并剥削其他生物，这大概就是称某人为"寄生虫"非常不敬的原因。事实上，"parasite"（寄生虫）一词最早出现在古希腊，意为"食客"，后来被生物学家用来描述这类与众不同的动物。

寄生生物生活在宿主体内或体表，并以宿主为食获取营养。就像互利共生和偏利共生一样，寄生也是两个物种之间长期的共生关系。但在这种关系中，宿主对寄生生物有利并为此付出了代价。与传统的捕食者和被捕食者的关系不同，寄生生物不会杀死（或者不会立即杀死）宿主，因为这两种生物的生存有着内在的联系。寄生生物的生活史很简单也很巧妙，完全符合达尔文的自然选择理论。

　　和所有动物一样，人类也会感染寄生生物。我们是众多寄生生物的受害者，从肝吸虫到肠道线虫、鞭毛虫、毛虱，以及蚊子，这些动物都会将登革热或疟疾传播给人类，疟疾甚至每年在全球造成100多万人死亡。事实上，人类可以携带约430种不同的寄生生物。也许因为它们给我们带来了如此多的痛苦，我们似乎对它们有一种病态的迷恋。除了《异形》，其他电影，包括《怪形》和《星际迷航2：可汗之怒》，也都是基于寄生生物-宿主关系展开的。

　　寄生生物的多样性十分惊人：科学家认为，在这个星球上，每个非寄生生物可能都至少带有一种寄生生物。[116] 即使是寄生生物，本身也可能带有寄生生物。由于我们对寄生生物抱有如此多的偏见，除了那些在医学和经济上造成最严重损失的寄生生物外，我们对许多寄生生物的研究相对较少。其实，寄生生物对种植业和水产养殖业有巨大的影响，在已经转向高强度单一栽培农业的地区，它们的破坏性尤其大。在这些地区，一个物种被集中养殖，这为该物种的寄生生物提供了真正的盛宴。寄生生物影响被养殖物种的生长、繁殖和生存，每年给我们造成数百万乃至数十亿美元的损失。

　　由于寄生生物的神秘本性，我们通常只能瞥见它们多样性的一小部分。在许多隐秘的微小生物体中，寄生生物是最难被检查到的。寄生生物有很多种分类标准，但最主要的标准是它们生活在宿主体外还是体内。在宿主外部的寄生生物，如蚊子和跳蚤，被称为体外寄生生物；在宿主体内、我们通常看不到的生物，如吸虫、绦虫和钩虫，被称为体内寄生生物。寄生生物并不都是微小的生物，人们曾在一头抹香鲸的肠道内发现了一种和波音737飞机长度相当的寄生绦虫。

　　逻辑推断显示，潜在宿主的多样性程度越高，寄生生物的多样性程度就越高。由于珊瑚礁代表了海洋生物多样性的巅峰，因此在珊瑚礁生态系统中，寄生生物的物种是最多的。大约30%~50%的已知物种在其生命周期的某个阶段是寄生的，它们以宿主为食并适应宿主。目前，由于我们还没有开始描述地球上所有的非寄生生物，所以估计寄生生物的总数是不可能的。就像生境专化的共生生物，如德曼贝隐虾和它的宿主，大多数寄生生物对它们所关联的动物非常专一。

寄生生物的故事

虽然听起来很恐怖，但寄生生物的简单和专一确实令人着迷。我第一次对寄生生物产生兴趣是在印度尼西亚的一次潜水中，当时我注意到一只大型灰色等足类寄生生物附着在一条小型雀鲷的头部。这只寄生生物非常大，在雀鲷身上非常显眼。我马上意识到了可怜的鱼儿拖着这个沉重的"搭便车者"到处走的代价。在我注意到这种寄生生物之后，突然间，珊瑚礁上的每一条这种雀鲷似乎都被这些等足类动物感染了：同样的灰色寄生生物附着在宿主头部的相同位置，而且总是在头部的同一侧。等我对寄生生物有所了解后，我开始看到它们无处不在——不同的物种、不同的宿主、不同的颜色。

寄生生物从自由生活的祖先演化而来。动物谱系中几乎所有种类的动物都有寄生的例子，比如寄生的昆虫、蠕虫、甲壳类、鱼类，甚至哺乳动物（如吸血蝙蝠）。化石证据表明，数千万年来寄生生物一直是地球生态系统的一部分。人们认为，当自由生活的祖先通过与另一个物种的密切关联获得一些优势时，寄生关系就演化出来了。随着时间的推移，寄生生物进一步利用这种关联使宿主处于不利地位。

一些寄生生物直接在宿主之间传播，而另一些利用一系列复杂的中间宿主，即所谓的"载体"，在它们生命周期的转换阶段为自己寻找下一任宿主。生命周期的每个阶段对寄生生物都有一些好处。有时，寄生生物甚至会操纵宿主，增大传播到下一任宿主的概率。如果寄生生物的生命周期需要它们当前的宿主被特定的捕食者吃掉，那么寄生生物可以改变宿主的行为，增加宿主被捕食的机会。因此，受感染的鱼会服从于寄生生物的意志——就像僵尸一样——它们的本能被敌人改变了。[117] 研究发现，在鱼群聚集的情况下，被寄生的鱼通常游在鱼群的外围，在那里捕食者更有可能捉到它们。一项研究发现，被寄生的鱼遭到捕食的概率是未被寄生的鱼的30倍。另一项研究显示，被寄生的鱼比未被寄生的鱼更容易被捕食者捕获，因为它们游得更靠近水面。

当未被寄生的鱼避开被寄生的同类时，有时会出现单独的被寄生鱼群。未被寄生的潜在宿主也会改变自己的行为，以免被可能正处于生命周期转换阶段的寄生生物感染。它们可能选择生活在寄生生物流行率较低的不同的栖息地，或避免捕食受感染的动物。

人们发现，寄生生物还有更阴险的招数——使宿主不育。这对寄生生物有利，因为它窃取了宿主本该在繁殖过程中消耗的能量。某些鱼类如果感染了寄生生物，就不会进入性晚期，因为感染抑制了性腺的发育。黑腹乌鲨（*Etmopterus spinax*）是鲨鱼的一种，它长有一种独特的寄生藤壶（*Anelasma squalicola*），这种藤壶丧失了典型的滤食功能。寄生的藤壶把触手扎进黑腹乌鲨的身体里吸走营养，这也导致了对黑腹乌鲨的阉割。[118] 但宿主并非完全处于绝望的境地。就像其他类似的生物军备竞赛一样，在寄生生物与宿主的竞赛中，宿主也会反击。通常遭受寄生生物阉割的宿主会性早熟，以便在寄生生物使它们绝育之前获得繁殖机会。[119]

上图：一只幼年裂唇鱼（*Labroides dimidiatus*）正在为隆背笛鲷提供清洁服务。摄于印度尼西亚苏拉威西岛，瓦卡托比

清洁服务

因为寄生现象在珊瑚礁上非常普遍，所以清洁服务有很大的市场。大约有130种海鱼在它们生命中的某个时刻（通常是在幼年阶段）扮演清洁工或皮肤科医生的角色，它们会接近受感染的鱼，吃掉宿主身上的体外寄生生物。互不相关的清洁鱼类群经常用蓝色和黄色的体色来宣传它们在群落中的功能。研究发现，与珊瑚礁的颜色相比，这些颜色更明显，潜在的客户即使在很远的地方也能注意到。[120] 就像理发店用红、白、蓝三色的条纹灯柱为其提供的服务做

广告一样，清洁鱼用显眼的颜色吸引客户来享受它们的服务。

裂唇鱼的行为表明了寄生生物对珊瑚礁生态的必要性。一对裂唇鱼夫妇会在珊瑚礁上一个被我们称为"清洁站"的特定地点开展服务，并保护清洁站免受其他裂唇鱼的入侵。就像我们对周围超市、加油站和邮局的位置了如指掌一样，珊瑚礁鱼类对当地清洁站的位置也一清二楚。在这种互利行为中，清洁工通过吃寄生生物获得营养，而它们的客户除去了入侵的寄生生物和受损的组织。

裂唇鱼经常在白天进行清洁工作或以其他方式宣传它们的服务。当地居民在一天中会多次拜访它们，几乎所有的鱼都会在某个时候去清洁站。这项工作非常有价值。白天，一些中到大型的鱼平

上图：约翰兰德蝴蝶鱼（*Johnrandallia nigrirostris*）在等待客户——海洋蝠鲼的到来。摄于墨西哥索科罗岛

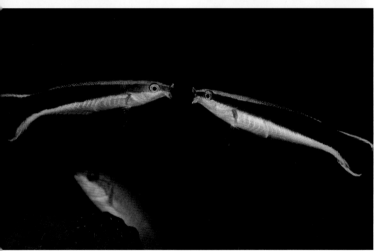

均每5分钟就会去拜访它们一次，一天累计上门近150次。寄生在珊瑚礁鱼类身上的巨颚水虱（Gnathiidae）幼虫特别讨厌，它们会狼吞虎咽地饱餐一顿并在几小时后迅速离开，所以尽快清除这些寄生生物至关重要。一条裂唇鱼每天可以为2000多位客户服务，平均从每位来访的客户身上清除一只寄生生物。[121]

我花了很多时间在清洁站观看那些滑稽的动作。为了不干扰动物，我在离清洁站不远处找了个僻静的地方，观察鱼儿的日常生活。最初它们试探性地到访，但后来它们开始蜂拥而至并排成有序的队列。有时，一大群梅鲷会在海床上组成一个球状鱼群，争相吸引这两位清洁工的注意。就像美容院里有些客户比其他人更挑剔一样，如果有客户想要彻底改头换面而清洁工又没有时间，那么清洁工就会直接去服务下一位客户，而绝望的前一位客户只能一直张开鱼鳍等待清洗。

裂唇鱼和客户之间的互动是相当亲密的。裂唇鱼可以接触到客户通常严密保护的脆弱软组织，如鳃和眼睛周围。相反，裂唇鱼可能将自己置于危险之中，因为它游到了一种大型掠食性鱼类的嘴里，而这种鱼通常会捕食和裂唇鱼同样大小的鱼。为了消解潜在的威胁，裂唇鱼用它们的腹鳍和胸鳍触碰客户来进行触觉刺激，确保

持久的积极互动。[122] 裂唇鱼似乎通过触碰鼓励客户花更多的时间停留在清洁站。与对待非掠食性鱼类客户相比，裂唇鱼对掠食性鱼类客户进行了更多的感官接触。这似乎表明，裂唇鱼正在努力避免自己与具有潜在危险的客户发生冲突。[123] 此外，裂唇鱼对掠食性鱼类客户的触碰似乎减少了它们对到访同一清洁站的其他鱼类的攻击。清洁站可以作为一个安全港，使小鱼暂时免受捕食。

　　鱼在清洁站的时候会采取一种独特的姿势。通常情况下，只有当鱼向自己的同类进行夸示时，你才能看到它的鳍全部展开。但在清洁站，鱼张开鱼鳍是很常见的，因为寄生生物喜欢躲在宿主折起来的鱼鳍里。在马尔代夫，我花了一些时间观察钝吻真鲨（*Carcharhinus amblyrhynchos*）的清洁站，那里有几条近2米长的鲨鱼排队等待清洁服务。鲨鱼趋向于处于负浮力状态，它们停止游动时就会下沉。在裂唇鱼给来到清洁站的鲨鱼做专门的牙科保健时，我看到它们张着大嘴、从尾巴开始往下沉，真是有趣。鲨鱼只能保持这样的姿势一小会儿，然后就需要游开并重新调整姿势。许多鲨鱼需要有不断的水流过鳃才能获得氧气，所以对它们来说，在清洁站停下来肯定会带来不寻常甚至可能不舒服的感觉。

　　裂唇鱼的行为是维持珊瑚礁生物多样性的关键。研究表明，珊瑚礁上如果没有裂唇鱼或裂唇鱼被移走，在4~20个月的时间里珊瑚礁上的物种就会显著减少。[124] 此外，在裂唇鱼被移走后的12小时内，珊瑚礁鱼类的寄生生物感染量增大了4倍。在以前没有裂唇鱼的地方引入裂唇鱼，几周后此地的鱼类多样性程度就会增高。

　　减轻寄生生物带来的负面影响似乎是珊瑚礁鱼类生活中一个非常重要的方面。然而，尽管客户在白天几乎痴迷地造访清洁站，但它们在晚上仍然很脆弱，因为晚上是巨颚水虱取食最频繁的时间。许多鱼身上覆盖着一层薄薄的黏液，这通常可以减少体表擦伤并防

上图，从上到下：
一条幼年裂唇鱼正在为高体拟花鮨（*Pseudanthias hypselosoma*）提供清洁服务。摄于印度尼西亚阿洛岛

正在清洗鱼鳍的琉球丝隆头鱼（*Cirrhilabrus ryukyuensis*）。摄于印度尼西亚苏拉威西岛，瓦卡托比

对页上图：正在接受裂唇鱼的清洁服务的黑褐新箭齿雀鲷（*Neoglyphidodon nigroris*）。摄于印度尼西亚苏拉威西岛，瓦卡托比

对页中图：裂唇鱼正在解决领土争端。摄于印度尼西亚西巴布亚岛，拉贾安帕

对页下图：裂唇鱼正在清扫羊鱼的嘴。摄于印度尼西亚邦盖群岛

上图：一条双色裂唇鱼（*L. bicolor*）正在为黄鳍刺尾鱼（*Acanthurus xanthopterus*）提供清洁服务。摄于印度尼西亚科莫多岛

止阳光的伤害。令人惊奇的是，一些鹦嘴鱼和隆头鱼会制造一个黏液茧并在里面睡觉。人们之前一直认为这是为了防止捕食者在它们睡觉时闻到它们的气味，但后来人们发现，黏液茧就像蚊帐一样，可以抵御寄生生物的攻击。在没有黏液茧的地方，这些鱼的感染率要高得多。[125]

珊瑚礁鱼类在睡觉时使用相当于蚊帐的东西，也凸显了巨颚类寄生生物的次生影响。在热带地区，人们使用蚊帐以免被蚊子叮咬，但更重要的是，他们减少了与蚊子携带的可能致命的疟原虫的接触。出乎意料的是，人们发现巨颚类动物就像蚊子一样，携带一种通过血液传播的寄生生物并感染它们的宿主。对鱼类来说，与疟原虫相当的是被称为"血簇虫"的寄生生物，它们会导致鱼类贫血和死亡。[126] 显然，为了自身的最大利益，鱼类不惜一切代价避免感染巨颚水虱及其可能携带的血液寄生生物。

就像在任何关系中一样，清洁工和清洁站的客户之间有可能出现某种欺骗行为。有时裂唇鱼喜欢欺骗客户，更爱吃客户的健康黏液和鳞片而不爱吃它们的寄生生物。显然，为了客户的利益，清洁工要诚实行事，在工作过程中不要利用客户的信任。这是通过客户的重复光顾来激励并随着时间推移建立起来的信任。如果一个清洁工欺骗了一位老客户，咬了它一口，客户就会把它赶走作为惩罚，并对回到这个清洁站保持审慎态度。这样，下次客户来访时，清洁工就会提供更好的服务以免被驱赶。老客户更有可能对欺骗行为做出反应，它们会游走并光顾别的清洁站。[127] 通过诚实的互动，清洁工与老客户建立了融洽的关系，也试图通过更好、更可靠的初始互动与新客户建立信任。有趣的是，如果清洁工为一位客户服务的时候，有其他客户在旁边看着，那么清洁工就可能更诚

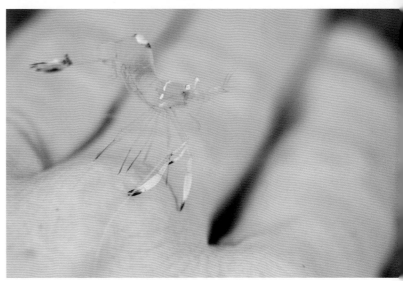

实，就好像它知道潜在客户看到它欺骗以后更有可能避开它一样。在没有工商局管理的情况下，鱼类必须依赖它们作为消费者的悟性，这是建立在直觉、观察和互动基础之上的。

客户和清洁工之间的互动似乎视清洁工的种类而有所不同。裂唇鱼的近亲——双色裂唇鱼体形更大，活动范围更广。不像裂唇鱼需要客户来清洁站进行清理，双色裂唇鱼在其整个活动范围内为客户服务。这表明双色裂唇鱼有回头客的可能性较小，所以建立融洽的关系并不那么重要，于是双色裂唇鱼更容易欺骗客户。[128] 双色裂

上图，从上到下：

有蓝色斑点的古氏新缸（*Neotrygon kuhlii*）正在接受虾的清洁服务。摄于印度尼西亚苏拉威西岛，伦贝海峡

虾提供的手部护理服务。摄于印度尼西亚苏拉威西岛，伦贝海峡

唇鱼会主动寻找新客户而不像裂唇鱼那样守株待兔。因为客户不太可能认准某条特定的双色裂唇鱼并有重复的互动，特别是当双色裂唇鱼在一个较大区域中活动时。因此，双色裂唇鱼趋向于寄生而非互利共生，更喜欢吃客户的健康组织和黏液而非寄生生物。

假装它，直到你成功

裂唇鱼与它们的客户有一种无可比拟的亲密互动，这一定会让那些想要同样接近猎物的掠食性鱼类非常嫉妒。粗吻短带鳚（*Plagiotremus rhinorhynchos*）模仿幼年裂唇鱼来靠近它的猎物。这种有攻击性的骗子不是从鱼身上清除寄生生物，而是从毫无戒心的"客户"身上咬一块肉或一片鳞片。另一种假清洁鱼——纵带盾齿鳚（*Aspidontus taeniatus*）也模仿裂唇鱼，但它主要利用自己的伪装优势来获得保护而非捕猎，因为这个"李鬼"更喜欢摄食卵和蠕虫而非鱼。

除了裂唇鱼，还有许多热衷于打扫卫生的动物，包括许多种类的虾。我花了很多时间探索热带浅滩，因为那里缺乏珊瑚礁结构，客户鱼数量不足，无法为裂唇鱼提供合适的栖息地。对经常出没于这种栖息地的大型鲀类和魟鱼来说，寄生生物仍然是一个大问题，所以看来甲壳类清洁工已经取代了裂唇鱼。在没有裂唇鱼的情况下，大型鱼类会享受住在海葵上的虾提供的清洁服务，这种虾通过拍打它们的足来宣传它们的服务项目。当客户鱼到达这些特别的清洁站时，十几只透明的小虾从海葵带刺触手后面的安全地带中出现，从客户鱼身上清除小型寄生生物或受损组织。我甚至敢于伸手让这些清洁工给我做手部护理，它们会热切地帮我去除皮肤上的角质层。

寄生生物的类型

鉴于所处的隐秘位置，体内寄生生物很难被我们看到，但很容易让我们害怕。也许正是它们的默默无闻给它们阴险的名声增添了恐怖色彩。总之，我们最害怕的是我们看不见的东西：床底下的妖怪，潜伏在壁橱里黑暗深处的魔鬼。这些隐蔽的寄生生物藏在

壳、鳞片和皮肤之下传播、产卵，并以它们的活宿主的健康为代价来维持自己的生命。有几次，我透过甲壳类动物透明的甲壳，瞥见里面生活着一种鲜为人知的寄生蠕虫。这种寄生生物看起来像粉红色的肠道，占据了虾体内的所有空间。对寄生生物来说，虾不过是一个进食机器。寄生生物不需要虾繁殖，所以它会使虾绝育。它也不需要虾生长或性发育，因为这些过程会使虾为这些永远重要的任务消耗精力。这种关系不会长久，因为它侵蚀了虾的生命力。不像我们以前讨论过的寄生生物，寄生涡虫类被认为是拟寄生性的：它们是严苛的和长期的入侵者，最终杀死它们的宿主。[129] 人们对寄生涡虫类所知甚少，在我拍到它们后，我把照片发给了伦敦自然历史博物馆的专家。他们几乎可以肯定，它们是一种尚未被确认的扁虫物种。

上图：受寄生生物感染的虾。摄于印度尼西亚阿洛岛

下页上图：被一对雄性和雌性等足类动物寄生的刺盖拟花鲐（*Pseudanthias dispar*）。摄于印度尼西亚阿洛岛

下页下图：斑金鳍（*Cirrhitichthys aprinus*），身上有一对雄性和雌性等足类动物。摄于印度尼西亚桑朗岛

大约10%的昆虫被认为是拟寄生生物，其中大部分是胡蜂。它们将卵产在其他生物的体内，卵在那里孵化并从非必要器官开始逐个吞噬宿主的内部器官，然后在宿主体内成蛹，并在出茧时杀死宿主。甚至有一些超寄生蜂在其他寄生蜂的幼虫中产卵。就像俄罗斯套娃一样，幼虫在另一个幼虫体内发育，而这个幼虫已经在最初的宿主体内发育了。

虽然我们很少看到体内寄生生物，但我们经常看到体外寄生生物。在珊瑚礁上最常见的体外寄生生物是等足类和桡足类动物，它们都与宿主发展了长期的关系。自从我开始对寄生生物着迷以来，我发现了许多未曾被科学界发现的新物种。我想潜水者对寻找新的寄生生物可能不像对寻找鱼类、甲壳类和传统上可爱的动物（如侏儒海马和裸鳃类动物）那样感兴趣。

等足类甲壳动物有很多种，它们并不都是寄生的，比如你可能在花园里见过的、在腐烂木头里翻爬的球潮虫。在深海中，巨型等足类动物可以长达半米。寄生等足类的大小从1厘米到5厘米不等，雌性通常比雄性大。和许多寄生生物一样，它们对要感染的宿主的物种以及在宿主身体上的附着部位都具有非常高的特异性。寄生等足类主要有几种，它们都有各自的偏好，比如附着在鳞片、肌肉、口或鳃上。尽管很少杀死宿主，但它们可以导致宿主局部病变、生长减缓和行为改变——也许最具破坏性的是使宿主不育。[130]

在我寻找寄生等足类动物的过程中，我很幸运地找到了各种形式的，其中有一些似乎是以前不为人知的。在西巴布亚岛的一个清洁站，一群梅鲷来到这里排队等待清洁服务。在它们中间，我注意到有许多个体的下颌有2厘米左右的大型等足类动物。梅鲷已经适应了在珊瑚礁外的蓝海中以浮游生物为食，尽力在这片暴露的栖息地避开捕食者。它们上半身比下半身暗，利用逆光伪装，成群结队地穿梭在海水中。这种伪装保护它们不被巡游在上方的掠食者发

上图，从上到下：
暗单鳍鱼（*Pempherris adusta*）和等足类动物。摄于印度尼西业西巴布亚岛，拉贾安帕

一条三带鳞鳍梅鲷（*Pterocaesio trilineata*）身上寄生了一种未被描述的等足类动物，这种寄生生物太大了，裂唇鱼无法将其清除。摄于印度尼西亚西巴布亚岛，拉贾安帕

现，因为背部的深色与大海的深蓝色融为一体了；从下面看时，它们苍白的腹部又隐入明亮的天空。许多鱼类利用逆光来伪装，这在鲨鱼等掠食者中很常见，方便它们偷偷接近猎物。等足类动物通常附着在鱼类的腹部，与白色的附着部位融为一体。

我以前从未见过全白的等足类动物，由此可见，自然选择和选择压力会使寄生生物在颜色上与宿主一致。如果寄生生物是黑色或灰色的，它在鱼身上就会很显眼，就像一颗活的美人痣，一个吸引捕食者注意的巨大雀斑。宿主鱼就会失去全身白色伪装的优势，捕食者可以在鱼群中识别并跟踪这条鱼，并在淡蓝色的海水中发现它。如果宿主鱼被捕食者吃掉，寄生生物也会被吃掉；如果寄生生物被吃掉了，它就不能把基因传递下去。与宿主颜色保持一致成为寄生生物在生物学上的必然结果，全白的颜色是许多代等足类动物面临选择压力并进行筛选形成的。我拍下了这些等足类动物的照片，一位从未见过这种寄生生物的专家明确表示，我拍摄的动物很可能是另一类未知物种的成员。

上图，从上到下：
博氏孔鲬（*Cymbacephalus beauforti*）和一种未知的寄生生物。摄于菲律宾科隆岛

嘴里有大型鱼虱的鞍斑双锯鱼。摄于印度尼西亚苏拉威西岛，伦贝海峡

对页：网纹宅泥鱼（*Dascyllus reticulatus*），身上有等足类动物。摄于印度尼西亚阿洛岛

　　我在菲律宾发现的另一种令人惊讶的等足类动物（它似乎尚未被描述和命名）是附着在鲔上的。当时我看见一条巨大的鲔趴在礁石顶上，因为它的外形和大型爬行动物很相似，所以它通常也被称为鳄形鱼。这条鱼大约有半米多长，我注意到它的鼻孔肿得很厉害。经过仔细观察，我看见一只等足类动物的尾巴从它的鼻孔里伸出来。显然，这种等足类动物可能在幼年就寄生在鱼体内。它钻进鱼的鼻孔，以毫无察觉的宿主的血液为食。随着它的生长，鲔的鼻孔周围的皮肤会舒展以适应这个"吸血鬼"，成为它安全的避风港和自助餐厅。

　　然而，最著名、最可怕的等足类动物是缩头鱼虱（*Cymothoa*

exigua），它又叫食舌虫。这种寄生生物在很小的时候就通过鳃弓爬进鱼的嘴里，并附着在鱼的舌头上。随着时间的推移，它会吞噬鱼的舌头并取而代之，这是自然界中唯一一个解剖结构被另一种生物取代的例子。鱼可以用这种新的舌形寄生生物作为假肢来抓取和吞咽猎物。我曾在海葵鱼的嘴里见过这种食舌虫。有时它们太大了，以至于海葵鱼不能完全合上嘴巴。

等足类动物的生命周期和繁殖非常有趣。就像袋鼠一样，雌性等足类用身体下面的一个育幼袋装卵并孵化后代。幼虫孵化后，在离开这个保护层之前，它们的皮肤外层（外骨骼）会脱落几次。虽然下面刚露出来的皮肤是柔软的，但它们会吸进一点海水并略微膨胀，然后皮肤变硬，发挥其保护功能。它们离开育幼袋时还是活跃的游泳者，但过不了多久就必须附着在宿主身上，转为固着生活。仅凭这个短暂的附着时机，一个区域的鱼似乎就全部感染了这种寄生生物。一个鱼群中的每一个个体都可能被感染，因为幼虫会集体离开母亲的育幼袋，尽可能多地感染当地鱼类。

多年来，在很多地方，我看到过五彩缤纷的帝王虾，有白色斑点的科尔曼虾，以及头部侧面有一个巨大凸起的橙色巨鲁坦星虾（*Leander plumosus*），但虾壳的色素阻碍了我观察居住在其中的等足类动物，即使我知道它们在里面。2016年在巴厘岛潜水时，我发现了一只玻璃海葵虾（*Peri-climenes spp*），它的外壳是透明的，头的一侧有一个明显的凸起。因为这只虾只有2厘米长，所以我用肉眼看不到太多东西。但我拍了几张照片，通过电脑屏幕上放大的照片，我看到了等足类动物尾巴上的一大窝卵。与其他在育幼袋中孵化的等足类动物的卵不同，这些卵直接产在虾的外骨骼内侧。收集这种难以捉摸的寄生生物的更多信息成了对我耐心的考验，但一年后我在另一只玻璃海葵

上图，从上到下：

玻璃海葵虾，头的一侧有1只等足类动物。摄于印度尼西亚巴厘岛

玻璃海葵虾，头的一侧有1只等足类动物，甲壳内侧有一窝卵。摄于印度尼西亚巴厘岛

玻璃海葵虾，带有1只成年等足类动物和4只幼虫。摄于印度尼西亚布纳肯岛

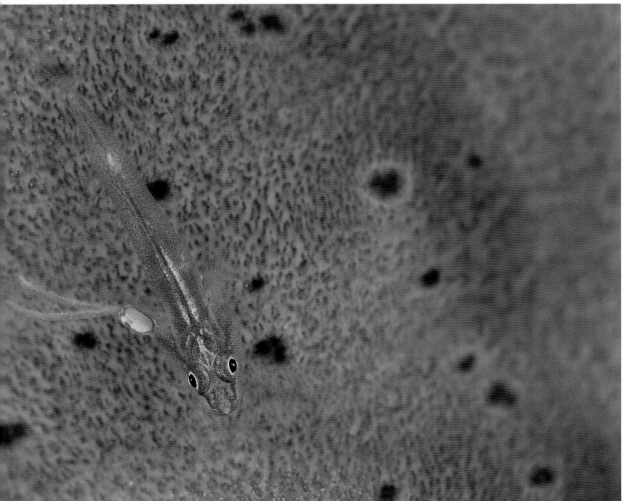

虾身上得到了回报。这只虾身上寄生了一窝已孵化并蜕了几次皮的等足类动物。我可以清楚地看到4只幼虫亮晶晶的小眼睛，它们正挤在妈妈和虾的外骨骼之间。寄生生物幼虫只有几毫米长，它们很快就会离开宿主这个避风港（可能是通过宿主的鳃），找到属于自己的家。

桡足类动物几乎和等足类动物一样分布广泛：在全世界的水生生态系统的许多小生境中，广泛分布着大约1.3万种桡足类动物。寄生桡足类直接以宿主的血液、黏液和组织为食。体形较大的雌性通常是最显眼的，因为它们身体上有突出的卵盘，而雄性通常太小，我们通过肉眼是看不到的。然而，并非所有桡足类动物都是寄生性的。它们栖息在各种生态系统中：有些生活在海底，有些则自由地漂浮在开阔的远洋区域。后者包括叶水蚤。我一直想知道，当潜水结束后我从珊瑚礁游到外海海域时，经常看到的鱼鳞状蓝色闪光斑点是什么。直到我有机会近距离观察它们，这些微小的生物才真正向我展示了它们自己。

在印度尼西亚西巴布亚的四王岛北部一个人迹罕至的地区，我探访了一个海湾，那里盛行的洋流困住了大量的远洋海鞘，即樽海鞘。我的第一潜快结束了，我在大约4.5米深的地方进行了一次安全停留，以便排出血液中积累的一些氮气。当我在水里悬停时，潜伴温迪示意我一条7厘米长的樽海鞘正向我漂来。我仔细看了看樽海鞘胶状的身体内部，意外的是，我注意到6个彩虹色的斑点，以前我只在蓝色的海水中看到过。每个斑点都只有几毫米长，都闪着蓝色、绿色和绿松石色的微光。我拍了几张照片，一回到船上我就在大屏幕上看了看。突然我就明白了，这些闪闪发光的"宝石"是桡足类动物。

等我开始研究这些桡足类动物——叶水蚤后，我得知如彩虹般闪闪发光的个体是雄性，少数居住在樽海鞘里相貌平平的个体是雌性。通常情况下，雄性在水流中自由漂浮，而雌性居住在樽海鞘体内。当繁殖时，雄性就会进入樽海鞘体内并与雌性交配。[131] 在交配过程中雄性的颜色所起的作用我还不完全清楚，但它可能有助于雄性和雌性的配对。它们的皮肤由多层六边形板组成，板与板的间距

上图：花彩圆鳞鲉（*Pa-rascorpaena picta*），身上有巨大的蚕豆状桡足类动物和粉红色卵囊，桡足类动物表面生长着一只白色小藤壶。摄于日本大濑崎

第204~205页：一只樽海鞘内的一群雄性桡足类动物。摄于印度尼西亚西巴布亚岛，拉贾安帕

只有几分之一毫米。板间距的大小因物种而异：我在印度尼西亚观察到的物种的板间距与蓝光的波长相同。蓝光不间断地穿过这些空隙，而其他波长的光会消失，从而产生我们所见的微光。只要光线照射的角度稍微改变，这种动物就会变得透明，进而隐身并免受潜在捕食者的伤害。[132]

寄生生物感染了很多物种，而我们只是在缓慢地了解它们的影响范围。在检视100%放大的照片时，我在一张彭氏海马的照片上发现了一只让我意想不到的桡足类动物。这是第一种已知的侏儒海马寄生生物。这些海马不到2厘米长，所以我们有理由认为它们身上的寄生生物更小，肉眼看不见。侏儒海马本身一直不是研究的热点，而我对它们的主要研究也在生物学特征方面，所以它们的寄生生物不为人知也就不足为奇了。毕竟，这只小小的桡足类动物只是侏儒海马身体侧面的一个小点。

我在东京以南的大濑崎发现了另一种桡足类动物。大濑崎是一个受保护的海湾，与地平线上若隐若现的富士山相映成趣。该海湾的海水寒冷，在水下18米处，一条鲉鱼将自己伪装成一块垃圾碎片。靠近一看，我注意到一只巨大的蚕豆状桡足类动物直接附着在鱼的眼球上。眼睛上的疤痕组织清晰可见，除此之外，还有一个紧紧卷曲着的亮粉红色卵囊正脱离寄生生物飘向鱼的尾部。一只肉眼可见的微小白色藤壶生长在寄生生物的表面。考虑到这些寄生生物的宿主特异性，依附在鲉鱼眼睛上的桡足类动物很可能只附着在那一个位置，而那种藤壶可能只生长在这些桡足类动物的表面。

我希望你更多地了解寄生生物，这意味着它们已经对你产生了更大的影响（兴趣上的，而不是身体上的）。尽管它们激起了人们对病态的迷恋，但寄生生物是科学家唯一致力于消灭而非保护的动物类群。在珊瑚礁上，它们很容易被忽视，但一旦它们吸引了你的注意力，你就不会轻易对它们失去兴趣。作为地球上物种最丰富的生态系统之一，珊瑚礁囊括的海洋寄生生物的种类可能比地球上任何其他地方的都多。虽然它们可能让你感到不安，但它们也为非凡的生物多样性做出了贡献，使珊瑚礁成为地球上生物多样性程度最高的生态系统之一。

我们了解得越多，就越意识到寄生生物的无处不在，也认识到不知不觉中它们对整个生命树中的生物所起的作用。有人认为，孔雀那具有高度装饰性的彩色尾巴的演化就是由寄生生物驱动的。雌性孔雀认为，色彩鲜艳的雄性孔雀比其他色彩暗淡的竞争对手携带的寄生生物少。虽然用寄生生物不太可能解释珊瑚礁鱼类身上千变万化的花纹，但珊瑚礁无疑是地球上最丰富多彩的生态系统，我们将在下一章中探讨。

第九章

珊瑚礁的颜色

深红色软珊瑚依偎在蓝色海绵和粉红色筒星珊瑚之间。一个黄色的海百合栖息在混杂的珊瑚礁上方。在礁石的上方，如彩虹般的鱼类在巡游着，其中一些能瞬间改变体色，炫耀它们的绿松石色、闪亮的白色和天蓝色体色。一对黄色镶边的项斑蝴蝶鱼（*Chaelodon adiergastos*）从樱桃色的珊瑚上游讨，与一条色彩斑斓的丝隆头鱼擦肩而过。即使最小的橘红色海蛞蝓也因它的美而引人注目。比胡椒粒还小的片脚类甲壳动物身上有亮橙色和蓝色相间的条纹，就像纸杯蛋糕上的糖屑。我们很容易忘记，这种颜色的变化不是为了愉悦我们人类。相反，生物学上的需求迫使每一个有机体以各种方式出现。颜色形成的原因有很多，了解海洋生物如何感知彼此往往是理解它们颜色变化的关键。

自从大约5.4亿年前的寒武纪大爆发以来，当第一双复杂的眼睛演化出来，海洋里突然充满了各种各样具有视觉定向能力的生物，视觉被用于各种各样的目的。今天，视觉用于驱动配偶选择和物种识别、传递健康信息、促进社交互动、保护领地、发现猎物，以及帮助动物通过模仿和隐藏逃避捕食者。

我们人类只能感知到从太阳射向地球的光的40%，这部分光被称为"可见光"。可见光和彩虹的颜色一样，每种颜色的波长略有

对页：薄体鬃尾鲀（*Acreichthys raiatus*）隐藏在软珊瑚的珊瑚虫间。摄于印度尼西亚阿洛岛

上图：典型的热带浅滩。摄于印度尼西亚苏拉威西岛，瓦卡托比

不同：红光的波长最长，因此在可见光中能量最低；紫光的波长最短，能量最高。到达地球的其余的光我们人类是看不见的，它们由红外线（50%）、紫外线（9%）、X射线和微波（1%）组成。可见光夹在能量高、波长短的紫外线和能量低、波长长的红外线之间。高能量的紫外线具有较强的穿透能力，会对活体组织和DNA造成损伤，这就是我们使用防晒霜的原因。红外线则通过传递的能量产生热量，但不会造成伤害。

可见光经过太空和地球大气层到达我们这些陆生动物身上。同样，光也必须经过水体到达海洋环境中。通过水面而没有反射到大气中的光会被水体吸收，吸收的量根据水体深度而有所不同。

当海洋中没有其他物质时，比如缺乏使海洋呈棕色的沉积物、使海洋呈绿色的浮游植物或使海洋呈红色的某些藻类，那么海水就会呈现我们最熟悉的蓝色。水体迅速吸收波长长的红光、波长短的紫光和紫外线。剩下的光大部分是蓝光，它能到达海水深处，赋予海洋标志性的蓝色。在浅水区或装了水的水杯中，因为没有足够的水分子来吸收光，所以水看起来是透明的。想象一下，珊瑚环礁周围逐渐倾斜的沙滩，从浅水区开始一直延伸到深渊。白色的沙子在浅水区可以直接看到，在那里所有的光都到达了海底，但是随着离海岸的距离增大和深度增大，白色的沙子看起来就逐渐从浅蓝色变成深蓝色了。

变换的视角

海洋生物对珊瑚礁的感受与我们的感受不同，我们要以它们的视角来考虑海洋的颜色和形状，而非以我们自己的视角，这一点很重要。有些鱼能看到我们看不见的光，比如紫外线；有些鱼能看见颜色。珊瑚礁鱼类的视觉灵敏度使它们看到的珊瑚礁的颜色明显不如我们看到的鲜艳。

人类有两种典型的光感受器，它们分别是视杆细胞和视锥细胞。视杆细胞在我们感知颜色的过程中所起的作用非常有限，但它们对光线非常敏感，使我们有夜视能力，这就是为什么我们在昏暗的光线下看不到什么颜色。视锥细胞则使我们感知颜色和精确的细节，并获得较高的分辨率。和某些鱼一样，我们有三原色视觉，即有三种视锥细胞，每种细胞能探测到可见光中不同波长的光。当其中一种视锥细胞不能正常工作时，人就会出现色盲的问题。此外还有二色视觉的鱼类，它们只有两种颜色感受器。珊瑚礁生物中最令人惊叹的要数螳螂虾了，它们拥有12种不同的颜色感受器，目前是这个方面的纪录保持者。[133] 有些鱼至少拥有对紫外线敏感的视锥细胞，这在珊瑚礁鱼类中似乎特别常见，因为它们生活在紫外线强烈的清澈水域中。在紫外线环境下，它们的视觉功能可能包括提高狩猎能力、导航、识别同类的紫外线颜色模式和社交信号，或避开高强度紫外线暴露的区域。[134]

鱼的眼睛如何处理紫外线信号？[135] 我们对此的了解还处于相对初级的阶段。我们知道，许多珊瑚礁鱼类能够看到只有在紫外线下才能显现的颜色和花纹，而我们人类在可见光下是看不见这些花纹的。某些雀鲷的面部和鳍上广泛分布着在紫外线下才能显现的花纹，它们似乎会在与进入它们领地的其他鱼对抗时夸示这些花纹。据报道，大约有一半的珊瑚礁鱼类对紫外线敏感，所以这些花纹似乎有可能被用于信号传递。实际上许多掠食性鱼类看不见紫外线，

上图：波纹唇鱼（*Cheilinus undulatus*）的绿色体色可以让它隐身于水中，图中它捕捉到了一条小梅鲷。摄于印度尼西亚西巴布亚岛，拉贾安帕

对页上图：罕见的蓝环章鱼（*Hapalochlaen maculosa*），来自澳大利亚东部海岸的一小段。摄于澳大利亚新南威尔士州，纳尔逊湾

对页中图：蓝环章鱼在炫耀全身的颜色。摄于印度尼西亚苏拉威西岛，伦贝海峡

对页下图：蓝环章鱼在游泳。摄于南澳大利亚

因此在紫外线下才能显现的花纹可能是非掠食性鱼类之间传递信息的秘密信号。

颜色及其作用

虽然大多数珊瑚礁鱼类在我们看来鲜艳夺目，但它们中的许多种类利用体色作为伪装。例如，鹦嘴鱼依靠皮肤上独特的色素与它们赖以为生的硬珊瑚融为一体。绿色的鱼类，如某些隆头鱼，当你在浅水区的礁盘上从水平角度看时，它们的绿色就成为伪装，与水的颜色融为一体。另外，黄色的鱼类，如某些豆娘鱼和大部分蝴蝶鱼，甚至是黄化的管口鱼，在我们看来特别明显，因为我们擅长在绿色背景下区分黄色。但对其他鱼类来说，这些颜色是很难区分的，这些黄色鱼类会"消失"在典型的珊瑚礁中。蓝色的鱼，将如我们预期的那样"消失"在广阔的深海中。

许多珊瑚礁鱼类被大自然赋予了惊人的复杂颜色和花纹。很难相信这些能让它们获得伪装。例如，成年主刺盖鱼（*Pomacanthus imperator*）身体后²/₃的部分有鲜亮的黄色和

蓝色相间的条纹，尾巴是亮黄色的，颈部和眼睛上方还有黑色的马鞍状黑斑。对人类来说，主刺盖鱼即使在很远的珊瑚礁中都很显眼，但许多鱼类无法远距离分辨这些花纹。[136] 这使得主刺盖鱼以此为伪装躲避捕食者。但距离很近时，它们在许多动物眼中就变得非常显眼，之前用来伪装的蓝黄相间的条纹瞬间形成了强烈的颜色对比。这可能是一种警示色，就像蜜蜂特有的黄黑相间的条纹一样，告诉捕食者这种生物有潜在的危险性。主刺盖鱼鳃盖上的巨刺使捕食者难以下咽。它们领地意识很强，成对地在珊瑚礁周围活动，也许它们在用自己的体色警告可能的入侵者。当受到威胁时，主刺盖鱼经常躲在分枝珊瑚中，因此有人认为蓝色和黄色相间的条纹的作用是模糊主刺盖鱼的身体轮廓，有效地使其隐藏在珊瑚中。这些动物在珊瑚礁上活动时通常都伪装得很好，但当捕食者靠近时，它们会亮出鲜艳的警示色，宣告自己的危险性。

　多年来，我一直渴望看到蓝环章鱼，但运气不佳，潜水上千次还是没能实现这个愿望。于是我奔赴印度尼西亚苏拉威西岛东南部的一个偏远岛屿，因为听说它们有时会在清晨出现在那里的潟湖中。这些动物非常小，只有成年人的拇指那么大。尽管面临重重困难，但在两周的时间里，我每天清晨都跳进水里去搜寻这些神出鬼没的头足类动物。直到最后一个早晨，我终于看见一个小家伙在水中游动，它的身体上覆盖着明亮的蓝色圆环。我觉得这很不正常，因为它们只有在遇到危险的时候才会露出这样的颜色。很快我就明白了，因为一条孔雀鲆（ *Bothus lunatus* ）从沙地上一扭一扭地游过来，然后把蓝环章鱼咬在嘴里，只露出它的肚子。但是孔雀鲆立刻把蓝环章鱼吐了出来，我猜它意识到自己犯了严重错误。[137] 然而，几秒钟后孔雀鲆又回来了。它再次靠近蓝环章鱼，把它整个吞了下去。我确信这条孔雀鲆会死掉，于是在接下来的20分钟里，我一直在观望，等待致命的神经阻滞剂起效。但是它看起来毫发无伤。在加勒比海地区，人们观察到孔雀鲆以河鲀为食，蓝环章鱼体内有相同的河鲀毒素，所以孔雀鲆可能有一种机制可以阻止毒素发挥致命作用。[138]

原产于东太平洋热带海域的背斑双电鳐（*Diplobatis ommata*）采用了一种不那么精巧的方法。这种电鳐能够通过眼睛附近一对肾形器官产生电荷。这个器官不仅可以制服猎物，也可以抵御捕食者的攻击。我在位于下加利福尼亚州和墨西哥大陆之间的科特斯海潜水时遇到了一条背斑双电鳐。它长达半

米，就趴在开阔的沙滩上。它背上的"靶心"引起了我的注意。黑色、黄色和暗灰色的同心环围绕着金色的中心，使它不至于隐身在沙滩中。当我靠近时，它把尾巴从沙滩上抬起，炫耀这个花纹。

对捕食者来说，与找到可口的食物相比，识别出潜在的致命动物显然是更有益的。捕食者会避开已知的有毒物种，这就为其他物种利用这种情况提供了可能。无害物种模拟危险物种特征的现象被称为"贝氏拟态"。那些与危险物种最相似的模仿者更有可能存活下来，并将它们的基因传递下去。经过许多代的选择性适应，模仿变得非常准确。斑竹花蛇鳗（*Myrichthys colubrinus*）用花纹模仿灰蓝扁尾海蛇（*Laticauda colubrina*）——与眼镜蛇同一科的

上图： 背斑双电鳐显示其警示色。摄于墨西哥科特斯海

对页上图： 鲜艳的火焰乌贼（*Metasepia pfefferi*）。摄于菲律宾民都洛岛，加莱拉港

对页下图： 被孔雀鲆吃掉的蓝环章鱼。摄于印度尼西亚苏拉威西岛，瓦卡托比

一种有剧毒的海蛇。这种蛇鳗与灰蓝扁尾海蛇非常相似，甚至能骗过潜水员。斑竹花蛇鳗在伪装下是如此安全，以至于它们每天都在礁石周围肆无忌惮地游泳和捕猎。与此同时，其他不模仿有毒物种的蛇鳗只有在黑暗的掩护下才敢浮出水面觅食。

裸鳃类的叶海牛属（*Phyllidia*）是珊瑚礁上常见的海蛞蝓属物种。事实上，它们可能是最常见的类群之一，因此潜水员经常忽视它们。捕食者会避开这些裸鳃类动物，因为它们体内积累了大量有毒物质，但这不是它们自己制造的，而是它们的食物——海绵——制造的并被它们加以利用。结果，许多不同动物类群的物种都在模仿它们，包括其他海蛞蝓和扁形虫。其中一

上图，从上到下：

扁形虫模仿叶海牛的行为。摄于印度尼西亚布纳肯岛

幼年海参模仿叶海牛。摄于印度尼西亚西巴布亚岛，拉贾安帕

种海蛞蝓叫斜鳃海蛞蝓（*Paradoris liturata*），属于另一类海蛞蝓，它们的鳃长在背部，而不像裸鳃类的鳃那样长在皮膜下面。为了伪装，当捕食者靠近时，斜鳃海蛞蝓会将自己的鳃内收并隐藏起来，突出它与有毒的裸鳃类的相似性。然而，最令人惊讶的模仿者也许是海参，它们在很小的时候就开始模仿这些有毒的裸鳃类动物。

贝氏拟态的另一个例子是引人注目的珍珠丽鲛，它的英文名叫cometfish（意为"彗星鱼"）。这个名称非常形象地体现了它的特征：通体黑色，上面布满了如繁星般的白点。它的身体相对

较小，而大得不成比例的鳍扩展成椭圆的水滴形，从头部后方一直延伸到尾巴的尖端。它的背鳍和尾鳍相交处形成一个嘴状的切口，同时背鳍上有一个被白色边缘包围的黑斑，看起来就像一只眼睛。这些特征结合在一起，使这种鱼看起来像巨大的斑点裸胸鳝（*Gymnothorax meleagris*）——珊瑚礁上可怕的捕食者。当受到威胁时，丽鮗面朝下在洞穴里盘旋，只有模拟鳗鱼脑袋的尾巴伸出来。

与贝氏拟态形成鲜明对比的是攻击性拟态。这种拟态发生在捕食者模仿无害的东西时，就像狼披着羊皮一般。最著名的一个例子就是躄鱼。它们利用攻击性拟态使自己看起来完全像海绵、岩石或栖息地里其他自然的东西。与其他鱼类不同，躄鱼不能快速改变体色，往往需要几周的时间来调整体色。因此，如果来到一个富饶的狩猎场，它们就会一动不动地伏击毫无防备的小鱼，直到捕猎成功。它们用头顶的"诱饵"模仿无害的小虾或蠕虫，将猎物吸引

上图：伪装完美的细斑手躄鱼（*Antennatus coccineus*）。摄于印度尼西亚桑朗岛

到近距离后再发起攻击。它们扭动"诱饵"，吸引毫无戒心的猎物来寻找食物。不幸的是，对被欺骗的其他鱼来说，这个故事很少有好结局。

　　海洋生物有几种类型的伪装。破坏性伪装要么模糊动物个体的轮廓，使捕食者难以在背景中找到它，要么通过明暗对比强烈的花纹来混入一群个体。在陆地动物中非常著名的例子是斑马和老虎。而在珊瑚礁的浅滩上，典型的例子是横带刺尾鱼（*Acanthurus triostegus*）。这是一种奶黄色的鱼，身上有细长的黑色条纹，这让人不免想起囚犯的服装。就它们而言，这种条纹有助于将个体与鱼群的其他成员混在一起。各种黑白相间的宅泥鱼，在觅食和藏身于硬珊瑚的枝杈间时，会利用它们的黑白条纹来模糊自己的轮廓。垂直条纹有助于模糊一条鱼在鱼群中的轮廓，而水平条纹有助于干扰捕食者判断鱼群的游动速度。细刺鱼（*Microcanthus strigatus*）和条斑胡椒鲷（*Plectorhinchus vittatus*）是两种珊

上图：成群的细刺鱼。摄于澳大利亚新南威尔士州，西南岩

瑚礁鱼类，它们在鱼群中利用水平条纹为自己提供生存优势。

模仿真实眼睛的假眼斑在珊瑚礁生物身上很常见。它们不仅使动物看起来比实际的大，还能在捕食者发起攻击时迷惑它们。假眼斑通常位于鱼的尾巴上或附近，所以捕食者可能误判鱼的游动方向。如果捕食者确实攻击到了鱼，也只会伤害到鱼身上不那么重要的部分。假眼斑通常出现在幼鱼身上，而它们的虹膜反射出身体的颜色，减少了真实眼睛的特征。许多蝴蝶鱼的头上有一条黑带穿过眼睛，这是一种掩饰真实眼睛的手段。除此之外，它们的尾巴上还有一个假眼斑。

模仿周围环境的伪装在海洋生物身上也很常见。近几十年来，许多新发现的物种都是与周围环境融为一体的神秘物种。它们不仅伪装异常精巧，而且许多体形极小，这使得潜水员很难发现它们，即使潜水员有绝佳的视力。在体形大的动物中，超过半米长的毒鲉是众所周知的"伪装大师"，这可能是它们经常被粗

心的游泳者无意中踩到的原因。它们广泛分布在印度洋–太平洋热带海域，占据着突出的位置，看起来几乎和它们所栖息的珊瑚礁完全一样。

　　珊瑚礁上另一位我最喜欢的"伪装艺术家"是很罕见的巴荣憨虾（*Gelastocaris paronae*）。虽然它们在合适的栖息地很常见，但它们与自己的海绵家园非常相似，因此如果你第一次寻找它们，几乎不可能发现它们。这种虾体表有凹坑，用以模仿海绵上的洞。当然，它们的体色也和海绵完全匹配。它们还把自己紧紧地贴在海绵的表面，所以身体和海绵之间没有阴影，只有非常细微的边缘把它们的轮廓和背景分开。

　　南澳大利亚的叶海龙是世界上真正的"伪装大师"之一。它使用海洋"伪装艺术家"的各种技巧来让自己"消失"在环境中。它生活在海藻床和海藻森林中，它的体色与海藻相匹配。叶海龙皮肤上有细丝和宽板，几乎与海藻一模一样，这有助于它在背景中模

第一行，从左到右：
双眼斑短鳍蓑鲉（*Dendrochirus biocellatus*）尾巴附近有一对假眼斑。摄于印度尼西亚苏拉威西岛，瓦卡托比

一对双睛护稚虾虎鱼（*Signigobius biocellatus*）。摄于巴布亚新几内亚米尔恩湾

第二行，从左到右：
有假眼斑的东方豹鲂鮄（*Dactyloptena orientalis*）。摄于印度尼西亚巴厘岛

幼年双棘甲尻鱼（*Pygoplites diacanthus*）背鳍上有一个很大的假眼斑。摄于菲律宾宿务岛

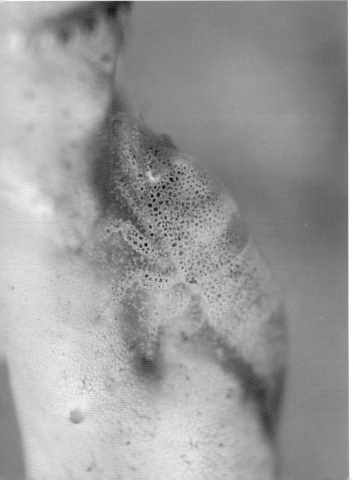

糊身体的轮廓。最后，它在行为上模仿了海藻在海浪中的波动。它不会朝某个方向一直游，而会随着海浪来回摇摆，缓慢地逃避捕食者或猎杀猎物。

当然，章鱼也以其伪装技术闻名，它们几乎能立即适应周围的环境。对这种表现至关重要的是复杂的视觉系统、先进的皮肤功能，以及处理信息的中枢神经。它们的体色不仅可以轻松地由色素体（或色素细胞）周围肌肉的收缩或放松控制，而且它们还可以在瞬间改变体表纹理以适应栖息地的环境。色素体直接连接到神经中枢且不间断地发送信息，使之能被即时转译。然而，这个过程可能太慢，无法解释章鱼以超快的速度变化体色的机制。最新的证据表明，章鱼的色素体中可能存在一种叫作"视蛋白"的光敏色素。这种色素可以对背景的颜色差异直接做出反应，而不需要章鱼通过眼睛看到背景。

上图： 比目鱼的完美伪装。摄于菲律宾内格罗斯岛，杜马格特

对页上图： 有一对假眼斑的幼年鳃斑盔鱼（*Coris aygula*）。摄于埃及红海

对页左下图： 隐蔽的海绵虾（*Euplectella aspergillum*）。摄于印度尼西亚西巴布亚岛，拉贾安帕

对页右下图： 隐藏在海藻中的泰勒氏短革鲀（*Brachaluteres taylori*）。摄于印度尼西亚西巴布亚岛，拉贾安帕

　　就像我们在某些梅鲷下巴上发现的寄生等足类动物那样，在开阔的大洋中，有些动物可以通过逆光来伪装。这在远洋物种中很常见。身体底部的苍白色和顶部的深黑色，分别被用于捕食者的隐藏伏击和猎物的逃避追击。这种伪装的原理是，当从上方或下方观看时，不同的颜色与不同的背景相匹配。几乎所有的远洋鲨鱼都利用逆光来伪装。一些深海乌贼甚至更进一步，通过它们腹部的特殊发光细胞主动发光。在深海中，这可以防止它们在接近猎物时投下阴影，让它们在攻击前离猎物更近。

　　通过自然选择，一些寄生生物演化出了与宿主体色相匹配的颜色，然而另外一些寄生生物并不在意是否与宿主匹配。巨颚水虱是最麻烦的鱼类寄生生物之一。它们会迅速吸饱血，然后离开宿主。因为它们只吸附几小时，所以不会试图伪装；相反，它们吸饱血后，体色会变深。据我们了解，这些巨颚水虱是鱼类去清洁站的主要原因。在接受清洁服务时，客户鱼展开鳍，让清洁鱼进入寄生生物隐藏的部位。在另一种适应行为中，一些鱼在接受清洁服务时改变了体色。我注意到，当清洁鱼——裂唇鱼接近某些刺尾鱼和鼻鱼时，这些客户鱼的颜色会从深色变成非常浅的蓝色。这似乎有助于在客户鱼和任何体外寄生生物之间造成更大的颜色反差；当吸饱了血、体色变深的寄生生物趴在浅色的背景下时，清洁鱼更容易发现它们，这样清洁工作就变得更容易了。

逆势而动

每种珊瑚礁鱼类的体色和花纹的形成似乎都有其特定的原因，因此物种内的多态性的存在令人惊讶。多态性指一个物种可以以多种体色形式存在的现象。多态性通常出现在不同的地理位置，但也会在同一珊瑚礁上出现。其中一个例子就是褐拟雀鲷（*Pseudochromis fuscus*），它的英文常见名称dusky dottyback（意为"褐色的拟雀鲷"）相当容易让人误解，因为它有6种不同的体色，包括黄色、灰色、粉色和橙色等。然而，在对这一物种的不同个体（采集自从新几内亚到大堡礁的海域）进行基因分析后，研究人员发现，不同体色的褐拟雀鲷在基因上也有差异，此外地理位置也起了一定作用。[139] 因此，褐拟雀鲷并不是单一物种具有体色多态性的好例子，而很可能包括了一组在科学上尚未区分的不同物种。这是我们对海洋还需要更多了解的另一个证明。在科学上褐拟雀鲷仍然被认为是一个物种，所以如果这些褐拟雀鲷的不同体色的变种面临危险，目前人们还不会采取特别的保护措施。

红海的福氏副鲻（*Paracirhites forsteri*）有4种体色的变种，从褐色到红色和黑色，并且体侧有对比鲜明的红白色相间的条纹，背部有黄色条纹。[140] 对多态性的解释包括地理变异、生境特异性、攻击性拟态和性别间的体色差异。以福氏副鲻为例，这4种变种都生活在同一珊瑚礁上，甚至有时共享同一丛珊瑚。它们栖息在那里，准备伏击毫无防备的猎物。然而，某些变种的体色比其他变种的深。深色的福氏副鲻更有可能冲进死珊瑚中躲避捕食者，浅色的则在活珊瑚中寻求保护。这表明，一个物种中的个体具有体色多态

上图：污翅真鲨。摄于所罗门群岛

性似乎具有一定的生态优势。

　　珊瑚礁鱼类中另一种令人意想不到的体色变化来自不正常的基因突变。白化病是动物界中普遍存在的一种疾病，大猩猩、狮子、短吻鳄和座头鲸都有纯白色个体的记录。这种体色突变的现象也发生在珊瑚礁上。通常，基因隔离的种群的发病率更高，比如圣保罗礁的额斑刺蝶鱼（*Holacanthus ciliaris*）。圣保罗礁距离大西洋的巴西海岸近1000千米。在那里，由于额斑刺蝶鱼的基因库有限，导致出现了大量由基因突变引起体色变化的例子。那里有纯白色、金黄色、蓝色和带斑纹的额斑刺蝶鱼，体色不同的个体至少占整个种群的1%。[141] 这个比例虽然听起来较小，却远远超出人们的预期。

在水下度过的成千上万个小时中，我有幸发现了一些不同寻常的颜色变异的鱼。在所罗门群岛，我发现了一种有白、黄、黑三色斑纹的三斑宅泥鱼，而其他地方的宅泥鱼通常是黑色的。在巴布亚，我看见过几条黑化的黄镊口鱼（*Forcipiger flavissimus*）。"黑化"指的是黑色素过多导致鱼变成纯黑色。正常情况下，这些鱼头部的上半部分是黑色的，下巴是白色的，身体的其余部分是亮黄色的。纯黑的体色相当引人注目，但经常出现就证明它一定不会影响鱼的生存能力。黑化现象在自然界中相当普遍。黑豹就是一个很好的例子，它是美洲豹的黑色变种。自然界中也曾出现过黑化的鹿、企鹅、松鼠和长颈鹿。

一天，我在印度尼西亚南海岸阿洛岛冰冷的海水中探索珊瑚礁时，我的潜伴招呼我过去。在一个洞穴里，有一条美丽的成年雄性

双色拟花鮨（*Pseu-danthias bicolor*）。这种鱼通常有亮红色的背部和亮粉色的腹部，这条鱼的腹部却是白色的。当它向它"后宫"里的一群雌鱼展示它的身体时，它下半部分的白色延伸到猩红的眼睛上方，使这条鱼看起来有点儿阴险和嗜血。

上图： 体色突变的双色拟花鮨。摄于印度尼西亚阿洛岛

对页上图： 一排燕鱼（*Platax teira*）。摄于印度尼西亚西巴布亚岛，拉贾安帕

对页下图： 弯鳍燕鱼（*Platax pinnatus*）。摄于印度尼西亚西巴布亚岛，拉贾安帕

种群冲突

颜色不仅在不同物种之间发挥作用，在同一物种成员之间的信号传递中也发挥着重要作用。性成熟的鱼经常用颜色来宣告自己在珊瑚礁上特定区域的统治地位，以此来保卫自己的领地。从远处看，成年主刺盖鱼身上的花纹有助于它们融入背景，避免被捕食；但从近处看，它们的花纹用于宣示主权，防止入侵者进入它们的领地。同样的变色过程也发生在蝴蝶鱼身上。蝴蝶鱼有引人注目的花纹，向同物种的成员宣告自己领地的存在。这在很大程度上避免了成员间的身体冲突。蝴蝶鱼通常实行一夫一妻制，以珊瑚虫为食。由于食物供应有限，蝴蝶鱼必须占据特定的领地。相比之下，对食物不那么挑剔的动物，例如吃浮游动物和浮游植物的鱼，更有可能过群居生活，没有领地或严格的社会制度。

事实上，成年珊瑚礁鱼类在保卫领地时具有很强的攻击性，这对刚度过浮游期的幼鱼来说是很大的挑战。它们从开阔的外海来到这里，想要定居下来。珊瑚礁鱼类之间不存在亲戚间的庇护关系，特别是当幼鱼从它们出生的礁石上漂走之后。成年的鱼知道新来的幼鱼不太可能是自己的亲戚。因此，为了守住有限的食物，它们会保护自己的领地不被幼鱼入侵，就像对待其他成年的鱼一样。

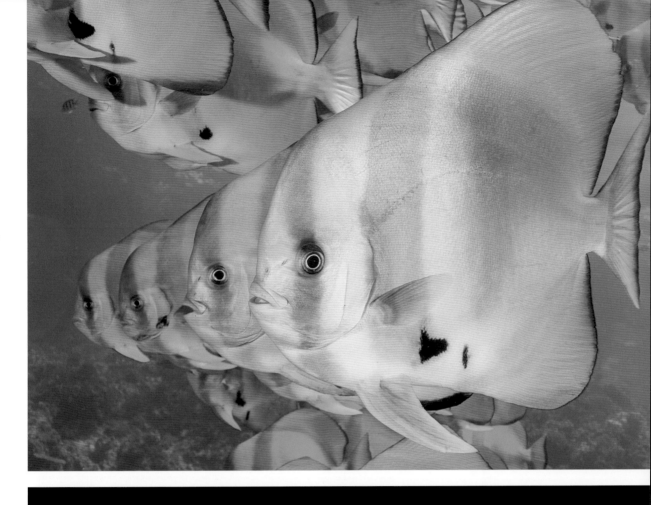

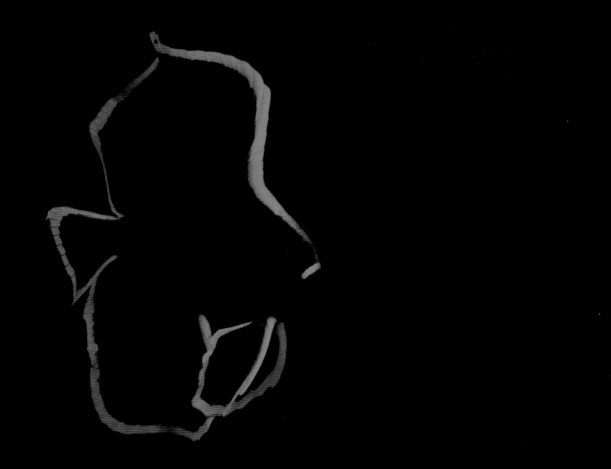

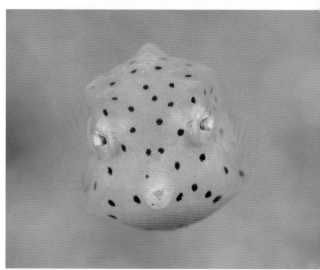

第一行，从左到右：

星斑叉鼻鲀（*Arothron stellatus*）。摄于印度尼西亚苏拉威西岛，伦贝海峡

弓纹刺盖鱼（*Pomacanthus arcuatus*）。摄于印度尼西亚西巴布亚岛，拉贾安帕

第二行，从左到右：

花尾连鳍鱼（*Novaculichthys taeniourus*）。摄于澳大利亚大堡礁

粒突箱鲀（*Ostracion cubicus*）幼鱼，比骰子还小。摄于菲律宾吕宋岛，阿尼洛

为了解决这个问题，大自然给幼鱼"涂"上了与性成熟的鱼完全不同的颜色和花纹，甚至改变了幼鱼的身体形状。这样，当幼鱼到达珊瑚礁时，成年的鱼就不会把它们视为竞争食物和其他资源的对手了。[142] 这样，幼鱼就能与成年的鱼和谐地生活在一起，直到成年。在某些情况下，幼鱼的外形与成年的鱼是如此不同，以至于早期的博物学家认为它们是完全不同的物种。

在注意到印度尼西亚东南部一种特别美丽的雀鲷后，我对珊瑚礁鱼类的体色变化产生了兴趣。成年的克氏新箭齿雀鲷（*Neoglyphidodon crossi*）是一种相当普通的深棕色鱼类，只在印度尼西亚东部被发现。虽然难以启齿，但我不得不承认，有一段时间我完全忽视了它们。事实证明，我太草率了。这些鱼像丑小鸭那样生活着，只不过它们的变化正好与丑小鸭的相反。当我探索印度尼西亚温特岛一座偏远村庄前面的浅滩时（后来我才感到害怕，

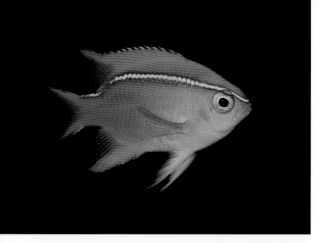

因为得知几周之前有两个人被一条巨大的咸水鳄鱼拖走了），我发现了一条仅2厘米长的亮橙色小鱼。这是我记忆中在珊瑚礁鱼类身上见过的最亮的橙色。它的身上还有一条亮蓝色的条纹，鳍的尖端上也有同样的蓝色。我必须承认，回到船上后，我立即核实了这条美丽小鱼的身份。这的确是一条幼年的克氏新箭齿雀鲷，和我所忽视的褐色成年鱼是同一物种。可以说，最令人震惊的体色变化发生在这种雀鲷身上。

　　幸运的是，3个月后我又回到了这个地方，决定再次去寻找那个迷人的小朋友。我的水下导航技能不错，我很快找到了那条小鱼生活的那块独特的岩石。瞧，它就在那儿！但是，它又长了2厘米，体色不再是我之前见过的明亮的橙色，而变成青苔的绿色，身上只剩下几缕淡淡的橙色。这种鱼从幼年到成年的转变过程令人着迷，这鼓励我去研究更多有类似变化的鱼，了解它们的传奇故事。

第一行，从左到右：
克氏新箭齿雀鲷幼鱼。
摄于印度尼西亚温特岛

克氏新箭齿雀鲷亚成体。
摄于印度尼西亚温特岛

第二行，从左到右：
主刺盖鱼幼鱼。摄于印度尼西亚巴厘岛

主刺盖鱼成体。摄于印度尼西亚阿洛岛

从幼年到成年的变化以各种形式发生在大量的珊瑚礁生物身上，包括黑鳃刺尾鱼（*Acanthurus pyroferus*）。成年的黑鳃刺尾鱼是棕黄色的，尾巴的后缘是橙色的。然而，在幼年时，它在行为和体色上都与福氏刺尻鱼（*Centropyge vrolikii*）惊人地相似。这些相似之处使得年幼的黑鳃刺尾鱼可以在金色小叶齿鲷（*Microspathodon chrysurus*）的领地内觅食。不同于福氏刺尻鱼，黑鳃刺尾鱼和金色小叶齿鲷有非常相似的食谱。似乎幼年黑鳃刺尾鱼的模仿行为可以使它们自由地利用竞争对手的资源而不受到攻击。

在珊瑚礁鱼类中，燕鱼和白鲳从幼年到成年的变化最有戏剧性、最有特色。虽然成年的鱼都有非常相似的银色大圆盘般的外形，这为它们在蓝色海水中生活提供了惊人的伪装，但当它们处于栖息在珊瑚礁上的幼鱼阶段时，它们各自拥有非常不同的形态。弯鳍燕鱼就是其中之一，它是乌黑的，有明亮的橙色轮廓。当它很小的时候，它的波动游泳风格尤其夸张，它模仿的是体色几乎相同的扁形虫。扁形虫毒性很强，大多数捕食者都避之不及。同样的扁形虫也会被鳎类幼鱼模仿，所以它的难以下咽一定为掠食性鱼类所熟知。

年幼的圆燕鱼（*Platax orbicularis*）则没有模仿有毒物种，

左上图：黑鳃刺尾鱼。摄于菲律宾宿务岛

右上图：福氏刺尻鱼。摄于菲律宾宿务岛

对页：横带高鳍刺尾鱼（*Zebrasoma veliferum*）。摄于印度尼西亚西巴布亚岛，拉贾安帕

左上图：一条罕见的珍珠丽鲹的幼鱼从阴影中出现。摄于埃及红海

右上图：正在夸示的雄性杰克逊短革鲀（*Brachaluteres jacksonianus*）。摄于南澳大利亚

而通过模仿一片枯叶来隐藏自己。由于珊瑚礁上很少有枯叶，这些鱼通常会躲在树叶更容易掉落的浅水区。我就曾经在几厘米深的水中见过它们。据推测，这更有可能使它们接触到陆地上的捕食者，但它们的伪装真的令人难以置信，它们似乎欺骗了所有人。第三种燕鱼是印度尼西亚燕鱼，它的幼鱼与成鱼体色完全不同，身体上分布着对比鲜明的黑白条纹。幼鱼通常在海百合附近被发现，与海百合几乎无法区分。除了能够模糊身体轮廓的体色，它的鳍的末端形成羽毛状分支，很像海百合的触手，同样有助于模糊身体的轮廓。

为了捕猎而模仿其他物种似乎在石斑鱼中特别常见。幼年时，这些捕食者会模仿其他较小的珊瑚礁鱼类，这样它们能够更加接近猎物。斑点九棘鲈（*Cephalopholis argus*）的幼鱼曾被误认为是一个不同的物种，它惊人地模仿了金色小叶齿鲷。白边纤齿鲈（*Gracila albomarginata*）的幼鱼模仿拟花鮨，而白线光腭鲈（*Anyperodon leucogrammicus*）的幼鱼模仿隆头鱼。这种攻击性拟态使模仿者以无害的姿态接近猎物。毫无例外，这些幼鱼与它们所模仿的鱼生活在同一个栖息地，而它们成年后往往会离开。

我们都见过雄性孔雀和雄性极乐鸟的五彩缤纷，有些珊瑚礁鱼类同样爱炫耀。几年前，我在南澳大利亚州阿德莱德附近寒冷的水域潜水时遇到了一种圆盘状的鱼，它叫作杰克逊短革鲀。这种鱼只生活在澳大利亚南部海域，长度只有几厘米。当我注视着这条米色的鱼时，它突然从下巴处伸出一个巨大的片状物，这个片状物几乎是它身体的两倍大，我不禁倒吸了一口气。它的身体侧面和边缘也突然出现了明亮的蓝色斑点，尾巴开始闪烁，变幻各种蓝色色调。这个片状物叫皮瓣，更正式的叫法是"喉扇"，用于性展示（即夸示）或向雄性炫耀，就像眼前发生的情况一样。就在这条鱼变化体色的时候，另一条我之前没有注意到的鱼从碎石堆中冲了出来，打开了它自己闪闪发光的皮瓣。它们俩在我面前窜来窜去，肩并肩，互相比较谁的皮瓣更大、更鲜艳。

许多鱼在一生中会改变性别，它们也因此改变体色。这些变化通常是由激素引起的，而且正如你所预料的那样，雄性的体色更鲜艳。性成熟的雄性是最大、最聪明的个体，它们的性别流动性已经达到了极限。鱼的色素位于色素体中，色素体可以迅速扩张或收缩，使鱼非常迅速地改变体色。相比之下，激素导致的体色变化则较为缓慢。许多雄鱼在性展示过程中身体会变得特别鲜艳，在平时则比较朴素。因为一直这么打扮对它们是不利的，这过于显眼，容易引来捕食者。珊瑚礁上最炫目的表演是由雄性丝隆头鱼和副唇鱼完成的。在过去的10年里，这两个类群的物种数量随着新发现而增多，这往往是因为科学家和潜水员对它们求偶色的细微差异变得更加敏感。这些迷人的鱼将是下一章的重点。

第十章

副唇鱼和丝隆头鱼

2014年4月，我和我的朋友内德和安娜一起参加了一次探险，前往印度尼西亚南部海岸一个鲜为人知的海湾。几十年来，内德和安娜一直在对珊瑚礁生物进行全新的、敏锐的观察，这些观察直接启发了科学家。在阿洛岛附近的偏远海域，除了我们的船，周围人迹罕至，只有无处不在的冒烟的火山。当我们和另一个好朋友——了不起的潜导扬·阿尔菲恩——一起沿着珊瑚礁漫无目的地游荡时，安娜突然把我们都叫过去，指给我们看几条颜色鲜艳的小鱼，它们看起来很开心。

这些鱼呈泪滴状，只有几厘米长，向我们炫耀着一些我在自然界中见过的最惊人的颜色。它们显然是一种副唇鱼。鱼的头部是明亮的芥末黄色，从下巴经腹部一直到尾巴都闪着一层鲜亮的粉红色；身体侧面有一条电光般的淡蓝色条纹，条纹上方有一些深蓝色斑点，这些斑点把鱼的身体和它的大背鳍隔开；巨大、展开的背鳍和臀鳍是猩红色的，镶着亮蓝色的边。总而言之，这些是非常令人难忘的鱼，我肯定我以前从未见过它们。从内德和安娜欣喜得目瞪口呆的表情看，我猜他们也没见过。我们都沉浸在兴奋之中，但我们每个人都没忘了拍下一些照片。

潜水结束后，安娜把内德拍的一些照片发给了他们的朋友格里·艾伦博士，他是研究这类美丽动物的世界顶级专家之一。（即使在地球上最偏远的角落，也有数据连接！）艾伦博士立刻回应说，这种鱼几乎可以肯定是一个新物种。我们再次潜回同一位置，尽可能多地收集信息和图像。仅仅两年后，在安娜的要求下，艾伦博士将这个新物种命名为阿氏副唇鱼以纪念我们的朋友和潜导扬·阿尔菲恩。这种可爱的鱼现在已成为著名的副唇鱼属的最新成员。

隆头鱼

隆头鱼是珊瑚礁鱼类中物种最丰富的类群之一，仅次于虾虎鱼和海鲇类。大约有550种隆头鱼生活在世界各地的热带和温带沿海。[143] 这么多的物种被分成60个属，难怪我直到几年前才注意到其中的两个属——丝隆头鱼属（*Cirrhilabrus*）和副唇鱼属（*Paracheilinus*）。事实上，以前的科学家通常都低估了它们，这种情况直到最近几十年才有所改观。我似乎总是被那些难以遇到的动物吸引，无论是神秘的、稀有的、只在地球的某个偏僻角落被发现的，还是生活在一种不寻常的栖息地的。隆头鱼就是这样的生物，它们也是地球上最引人注目的生物之一，甚至可以与天堂鸟相媲美，这可不是件容易的事。

隆头鱼是一类通常生活在浅水区的小型鱼，体长往往在20厘米左右，尽管最大的波纹唇鱼可以达到2米多长、近90千克重。隆头鱼有各种各样的食物偏好，食物包括小型甲壳类动物、软体动物、浮游生物和单一的藻食性动物等。人们认为隆头鱼与鹦嘴鱼、慈鲷和雀鲷有共同的祖先。一些保存相当完好的隆头鱼化石表明，隆头鱼的历史至少可以追溯到5000万年以前，尽管基因证据表明隆头鱼的起源更早，大约在7000万年前就出现了。[144] 这个物种丰富的类群在珊瑚礁生态系统中发挥了重要作用，填补了一系列的生态位，这并不令人惊讶。

许多隆头鱼都是广适种，但独特的颌部形态也让专化种得以演化，而伸口鱼（*Epibulus insidiator*）将颌部形态发挥到了极致。

对页上图：进行夸示的雄性伦氏副唇鱼（*Paracheilinus rennyae*）。摄于印度尼西亚科莫多岛

对页下图：展示紫条纹的雄性卢氏丝隆头鱼（*Cirrhilabrus lubbocki*）。摄于菲律宾内格罗斯岛，杜马格特

我一直对这种鱼很感兴趣。它们的下巴是所有鱼类中最突出的，似乎差不多有身体的一半那么长。然而，在我看来，在所有的隆头鱼中，甚至在所有的珊瑚礁鱼类中，最引人注目的是丝隆头鱼属和副唇鱼属。从美学的角度看，这两个属同样令人惊叹，它们的行为和形态表现出非常密切的演化关系。在过去的几十年里，人们发现了这两个属的许多新成员，现在它们已经扩张成隆头鱼中物种最丰富的属。

副唇鱼爱好者

自从第一次看到一条雄性副唇鱼在它婚礼中的表演，我就立刻迷上了副唇鱼。我在忙于研究侏儒海马时，就曾听说过有人在寻找它们，但我当时无法分心——我正陷在侏儒海马的日常家庭纠纷的连续剧中。

多年以后的一个傍晚，在水下18米深的一道碎石斜坡上，我在微光中发现了这些小精灵。虽然我并没有专门去寻找它们，但这恰好是发现副唇鱼的最佳时间和地点。当我沿着斜坡游动时，我遇到了一群只有5厘米长的小鱼，还有一些更聪明的小鱼在它们周围嗖嗖地游来游去，好像被附身了一样。在这一大群鱼中，大多数都是稍小一点儿的淡粉色的鱼，我觉得这些是雌鱼。在这些鱼的上方和中间，精力充沛的彩虹色雄鱼猛冲过鱼群，而大多数雌鱼继续心无旁骛地吃着路过的浮游动物。偶尔，其中一条招摇的雄鱼会吸引雌鱼的目光，然后它们会交配。它们会离开群体，一开始小心翼翼，然后迅速冲出去，释放出一小团精子和卵子。之后，它们会返回这个相对自由松散的鱼群。雌鱼为晚上的繁殖活动做准备，而雄鱼马上又开始向其他的雌鱼炫耀自己。

尽管在过去的几十年里副唇鱼的种类数量一直在增长，但第一个副唇鱼物种直到1955年才根据从红海采集的一个标本被正式命名。从此，新的属——副唇鱼属——也被确定下来，它包括了迄今为止发现的所有副唇鱼。一直到1974年，红海的八线副唇鱼（Paracheilinus octotaenia）依然是副唇鱼属中唯一的物种。就在这时，艾伦博士开始了对这些鱼的探索。他发表了一篇

关于该属的综述性论文，并对来自巴布亚新几内亚的月尾副唇鱼（*Paracheilinus filamentosus*）进行了物种描述。[145] 仅仅3年后，该属又增加了两个物种。从那时开始，得到描述的物种数量逐年增长。阿氏副唇鱼在2016年被命名，是加入该属的第20个成员。该属中一半的物种是1999年以后获得命名的。

到目前为止，副唇鱼种类最多的国家是印度尼西亚，在其海域中有11种。其中许多是窄域性特有种，只生活在一个非常小的地理区域内。例如，大斑副唇鱼只在巴布亚西南海岸的海神湾被发现；沃尔顿副唇鱼只生活在西巴布亚岛的森德拉瓦西湾；印度尼西亚副唇鱼（*Paracheilinus togeanensis*）来自苏拉威西岛中部的托米尼湾；而阿氏副唇鱼迄今只出现在我们第一次发现它的那个小海湾。在托米尼湾西边400千米处的科莫多岛，有另一个独特的物种，它的命名比阿氏副唇鱼早几年。这种被命名为伦氏副唇鱼的科莫多岛的物种一直存在一些争议，它是否与阿氏副唇鱼是同一种鱼？因为它们的栖息地距离很近，而且它们在形态上很相似。在亲眼看到伦氏副唇鱼之前，我曾怀疑它是否与阿氏副唇鱼太相似，以至于不能被定为不同的物种。但在2017年底，我到达科莫多岛，有机会亲眼观察伦氏副唇鱼。雄性伦氏副唇鱼的明亮体色十分独特，而且比阿氏副唇鱼大得多。有时候，在动物的自然栖息地观察它们比仅仅研究标本瓶中保存下来的标本能获得更多有价值的信息。对我来说，仅仅阅读描述物种的论文是远远不够的。

丝隆头鱼

丝隆头鱼也不甘落后，它们中也有一些同样迷人的成员。丝隆头鱼通常生活在和副唇鱼的栖息地非常相似的栖息地，它们的行为也有很多相同之处。色彩斑斓的雄性丝隆头鱼会演化出奇异的颜色和花纹来吸引体形更小、更安静的雌性丝隆头鱼。在一些热带赤道地区，它们可能全年都繁殖，但在日本的亚热带地区发现的一些大型丝隆头鱼确定的繁殖季节可能仅有温暖的夏季。在过去的几十年里，这一类群的物种数量也呈指数级增长，从20世

纪60年代之前已知的6个有效物种增长到现在的59个物种。1853年，丁氏丝隆头鱼（*Cirrhilabrus temminckii*）被命名和描述，它成为第一个正式的丝隆头鱼属成员。今天，新物种被发现的频率高得多，自进入21世纪以来这个属至少增加了20个物种。公民科学家通过发现新物种为这个类群做出了宝贵的贡献。

　　我总是努力查阅最新的物种方面的报道，因为像副唇鱼一样，许多丝隆头鱼只能在很小的海域里找到。看到它们的机会非常有限，所以要抓住一切可能的机会。在2013年考察西巴布亚岛的森德拉瓦西湾时，我最想看到的是当地特有的印度尼西亚丝隆头鱼（*Cirrhilabrus cenderawasih*），它于2006年首次获得物种描述。根据我对已见过的丝隆头鱼的了解，我试图追踪这个难以捉摸的物种。我比平时潜得更深，在一个珊瑚丰富的平台，印度尼西亚丝隆头鱼出现了。它们没有像副唇鱼那样形成乌云般的巨大鱼群；相反，雄鱼在珊瑚礁上四处乱窜。那天我去得太早了，没有看到它

第一行，从左到右：

进行夸示的雄性汤氏丝隆头鱼（Cirrhilabrus tonozukai）。摄于印度尼西亚西巴布亚岛，拉贾安帕

进行夸示的雄性红身丝隆头鱼（Cirrhilabrus adornatus）。摄于菲律宾内格罗斯岛，杜马格特

第二行，从左到右：

进行夸示的雄性细条丝隆头鱼（Cirrhilabrus filamentosus）。摄于印度尼西亚阿洛岛

进行夸示的雄性丁氏丝隆头鱼。摄于日本伊豆半岛

上图：雄性印度尼西亚丝隆头鱼，2006年获得物种描述。摄于印度尼西亚西巴布亚岛，天堂鸟湾

对页上图：雄性休氏丝隆头鱼，2012年获得物种描述，正在接受清洁服务。摄于印度尼西亚阿洛岛

对页下图：两条年轻的沃尔顿副唇鱼正在进行夸示，2006年获得物种描述。摄于印度尼西亚西巴布亚岛，天堂鸟湾

们的交配行为，但当一条雄鱼偶尔出现时，我觉得设计师会嘲笑它的不协调的配色。它的头是明亮的橙红色的，包括尾鳍在内的所有鳍都镶着蓝边，背鳍的颜色是水仙花的黄色，体侧有大约5个黑色斑块，并且点缀着鲜艳的明黄色花纹。在自然界中，这些颜色似乎可以完美互补。当我游回浅滩时，我还在为终于看到了这条奇妙的鱼而欣喜若狂。几年后，我在西部的拉贾安帕又看到了这种丝隆头鱼，这里距离它的预期活动范围至少有300千米，所以我想把它命名为"森德拉瓦西丝隆头鱼"有点儿为时过早——这并不奇怪，因为我们对这些物种还有很多需要了解的地方。

在安娜发现阿氏副唇鱼之前，她还发现了另一种丝隆头鱼。2012年，它被正式命名为休氏丝隆头鱼（*Cirrhilabrus humanniis*）以感谢安娜的长期合作伙伴保罗·休曼。在她发现阿氏副唇鱼的那一次探险中，我们回到了安娜第一次看到这些休氏丝隆头鱼的地方。自从这种鱼被命名后，她就再也没有回来过，所以我

们的首要任务就是试着找到一条。事实证明，这一物种的雄鱼相当疯狂，不像其他丝隆头鱼的雄鱼倾向于留在自己的小型后宫，而更喜欢在整座珊瑚礁游荡，从一个雌鱼群窜到另一个雌鱼群。在整个潜水过程中，我都在努力抓拍照片。我注意到这条雄鱼非常虚荣，渴望保持最佳状态，所以它经常去清洁站。第二潜时，我决定在清洁站守株待兔，等待看到它的虚荣心战胜性冲动。果然，每隔七八分钟，它都会回到清洁站。正是在这里，我终于拍到了这个难以捉摸的新物种的照片。

对页上图：进行夸示的雄性麦氏副唇鱼（*Paracheilinus mccoskeri*）。摄于印度尼西亚巴厘岛

对页下图：进行夸示的雄性卡氏副唇鱼（*Paracheilinus carpenteri*）。摄于菲律宾内格罗斯岛，杜马格特

炫耀成性

在生物学上，丝隆头鱼和副唇鱼都很明显地表现出了夸示的重要性。这两个类群的物种都是雌雄同体的，这意味着它们最初作为雌性性成熟，然后转换性别成为雄性。性成熟的雌鱼往往是淡粉色的。最初阶段的雄鱼通常集群繁殖，但在体色和花纹方面，成熟的雄鱼是真正的"炫耀狂"。成熟的雄鱼往往支配着一群雌鱼，它们绝对是这部电视剧的主角。各个物种的雄性成体拥有的特定颜色和花纹往往被认为是分类特征，因为雌性通常非常相似，人们几乎不可能通过肉眼来区分物种。

自然界中雄性身上的生动花纹通常是性选择的结果，这是达尔文首次发现的一个演化选择分支。性选择通常是由雌性对雄性某些特征的偏好驱动的，在丝隆头鱼和副唇鱼的例子中，雌鱼喜欢的特征包括雄鱼鲜艳的体色、雄鱼鳍上延伸的细丝，以及雄鱼在某些情况下复杂的游泳技术。性选择也发生在同性成员之间，它们为获得配偶而竞争。雌性个体会选择有更多花纹的雄性个体，因为这表明了它健康和有活力，甚至可能体现了它对寄生生物有抵抗力。正如我们所知的，寄生生物在珊瑚礁上无处不在。

通过性选择，达尔文试图解释那些在自然选择的保护伞下似乎没有意义的特征。自然选择理论预测，那些最能适应环境的生物个体将最有可能生存下来，并将其基因传递下去。然而，某些特征，比如雄鹿巨大而笨重的鹿角，似乎会让它更容易被捕食。达尔文意识到了这种矛盾。这些特征在以生存为首要原则的演化过程中扮演

第一行，从左到右：
雄性卢氏丝隆头鱼。摄于印度尼西亚阿洛岛

进行夸示的雄性卢氏丝隆头鱼。摄于印度尼西亚阿洛岛

第二行，从左到右：
进行夸示的雄性黄臀副唇鱼（Paracheilinus flavianalis）。摄于印度尼西亚巴厘岛

进行夸示的雄性高鳍暗澳鮨（Rabaulichthys altipinnis）。摄于印度尼西亚西巴布亚岛，海神湾

了什么角色？性选择理论很好地解释了雄性的极端纹饰现象。虽然外表华丽的雄性确实更有可能被捕食，但最美丽、最健壮的雄性也更有可能在死亡之前将基因传递下去——因为它们在生命早期就被雌性选为理想的配偶。因此，这些雄鱼非常像有角的雄鹿。

在表演达到高潮时，雄性副唇鱼似乎在相互恐吓。当一条雄鱼看到另一条的表演时，它的激素水平就会飙升。在物种内和物种之间都是如此。雄鱼通过展示它们全身的颜色来衡量彼此的大小，并在水中竞速。无论是向其他雄鱼还是所有雌鱼炫耀，它们的体色变化都非常剧烈——多亏了色素细胞，它们的皮肤细胞几乎可以瞬间变色。在某些情况下，你看到的简直不像是同一条鱼，这真是令人难以置信。我所见过的最特别的一次夸示发生在被称为"副唇鱼海滩"的地方，它位于西巴布亚岛南部海岸的海神湾内。在那里，3种印度尼西亚特有物种——蓝背副唇鱼（*Paracheilinus cya-neus*）、大斑副唇鱼和黄臀副唇鱼——组成的混合雄鱼群竞相吸引雌鱼的注意。但好像这还不够显示它们的男子气概，雄性高鳍暗澳鲏也登上了这个舞台。这是一场性的狂欢，几百条鱼参与其中。所有副唇鱼的体色都达到了最高的饱和度，雄性高鳍暗澳鲏还竖起了巨大的帆状背鳍，背鳍的颜色从红色变成纯白色，这是我以前从未见过的。

我的天使

然而，在这场狂欢中，有些鱼与上面提到的4种鱼截然不同。我注意到有3条雄性副唇鱼看起来和其他鱼不太像，但它们之间有一些共同特征。当我仔细观察时，我发现它们其实是杂交种：其中一条雄鱼明显是大斑副唇鱼和蓝背副唇鱼的杂交种，而另外两条是大斑副唇鱼和黄臀副唇鱼的杂交种。这非常奇怪，考虑到杂交在自然界中是非常罕见的（尽管我已经看到过几次这种大群副唇鱼聚集生活产生的杂交种）。它们有高度同步的产卵行为，似乎在性狂热期间鼓励意外杂交。

一般来说，当物种杂交时，它们的后代会变得不育（就像骡子是马和驴的不能生育的后代），但我们不确定这些副唇鱼的杂交种能否繁殖。有时，两个物种的地理范围相交的地方会形成一个边界地带，它被称为"杂交带"。长期以来，演化生物学家一直在争论杂交带在物种生物学中扮演的角色。它们是在促进新物种的产生，还是在走向演化的死胡同？植物学家和动物学家持截然不同的观点，前者认为杂交对产生新物种很重要，后者持相反的观点。[146] 不管怎样，副唇鱼都是一个不寻常的例子，很容易在不同物种共存的地方形成杂交。副唇鱼的杂交问题揭示了隆头鱼分类中一个反复出现的问题。人类喜欢把动物分类并放进不同的格子里，称之为不同的"物种"，但这并不一定是自然的现实。我们可能认为，看到一个生物很容易就知道它属于哪个物种，但有时科学家很难从根本上定义"物种"到底是什么。[147]

随着新物种不断被命名，种群和物种的界限的划分变得越来越

困难。在过去的几十年里，我们开发出基因分析的巨大潜力，来证实或驳斥我们在区分不同物种方面的怀疑。传统上我们认为，两个物种要在视觉上看起来不同，需要经过相当长时间的分开演化，因为它们的差异和可检测的变化需要通过基因体现。事实上，副唇鱼和丝隆头鱼处在一个矛盾的新边界。在那里，许多看起来非常不同的鱼类在基因上几乎完全一致，它们自身基因的变化似乎跟不上它们颜色和花纹的演化。这场冲突在新命名的马氏丝隆头鱼（*Cirrhilabrus marinda*）身上达到了顶点。由于它与类似的康氏丝隆头鱼（*Cirrhilabrus condei*）缺乏基因差异，能否将它确定为一个新物种，科学家们仍然有一些争议。

在所罗门群岛潜水的时候，我见到了一条不熟悉的小丝隆头鱼。当时，我游过一丛珊瑚，面前是一片广阔的沙地，沙地上有一些树干和落叶。我正在杂物中寻找神秘的动物，这时一条奇特的小丝隆头鱼引起了我的注意。我从未见过这么小的雄性丝隆头鱼，立

上图： 进行夸示的雄性杂交副唇鱼（也许是沃尔顿副唇鱼和黄臀副唇鱼的杂交种）。摄于印度尼西亚西巴布亚岛，天堂鸟湾

对页上图： 进行夸示的雄性杂交副唇鱼（也许是大斑副唇鱼和黄臀副唇鱼的杂交种）。摄于印度尼西亚西巴布亚岛，海神湾

对页下图： 进行夸示的雄性杂交副唇鱼（也许是大斑副唇鱼和蓝背副唇鱼的杂交种）。摄于印度尼西亚西巴布亚岛，海神湾

刻就意识到它是新物种。它有非常高的黑色背鳍，比较短，不像我以前见过的任何物种。回到岸上后，我进行了一些研究，发现它就是在几周前获得物种描述的马氏丝隆头鱼。但是，这一新物种与在同一地理区域发现的康氏丝隆头鱼有相似之处，因此引发了科学界的争议。作为少数几个在天然海域见过这两个物种的人之一，我确信它们是截然不同的。我曾在西巴布亚岛的拉贾安帕见过康氏丝隆头鱼，相比之下，它的背鳍明显没有这么黑，形状也更"正常"。因此，虽然这两个物种在基因上非常相似，但它们的外表和行为截然不同。

最近的几项研究发现，近亲物种，如马氏丝隆头鱼和康氏丝隆头鱼，很可能在

上图，从上到下：
马氏丝隆头鱼。摄于所罗门群岛

康氏丝隆头鱼。摄于印度尼西亚西巴布亚岛，拉贾安帕

近期迅速分开演化，它们的演化是由强烈的性选择驱动的。[148] 这种强烈的性选择压力可以导致雄性在很短的时间内形成巨大的颜色差异。当一大群雌性从相对较少的参与繁殖的雄性中挑选配偶时，雄性面临巨大的选择压力，于是雄性身上形成了令人难以置信的鲜艳而复杂的花纹，以及大得夸张的鳍。性选择迅速地推动了这些不同雄性发生体色演化的部分基因组突变，基因组的其他部分则很少能够如此快速突变。通常情况下，其他中性基因突变会随着时间的推移而积累，我们通过基因分析检测到的正是这些突变。由于在进

行基因检测时，我们只分析了一个物种基因组中相对较少的部分，所以我们可能无法找到与体色相关的那些基因，而两个物种的基因组总体上看起来非常相似。也许随着基因检测成本的降低，我们可以分析更大比例的基因组，我们确实可能发现这些物种的不同物理属性反映在基因组中的明显差异。在对马氏丝隆头鱼和康氏丝隆头鱼的研究中，目前进行的基因分析没有发现明显差异。这样的鱼类可以挑战我们对物种的定义，因为它们显然不再杂交，因此必然是不同的。

副唇鱼和丝隆头鱼是一群鲜为人知的鱼。我们发现它们有许多生物学上的特性，这说明我们对海洋生物还有很多需要了解的地方。当然，热带浅海中还生活着其他许多鲜为人知的物种。如果它们生活在一个像珊瑚礁这样岌岌可危的生态系统中，它们就面临着灭绝的威胁。我们的目标是保护尽可能多的物种，无论是知名的还是不知名的。

第十一章

21世纪的珊瑚礁

1998年，全世界的人都惊恐地看到世界各地的珊瑚礁开始变成白色，珊瑚相继死亡。当这场生态灾难发生时，我正在马尔代夫潜水。和大部分人一样，当时我不完全了解珊瑚礁发生了什么。在那次旅行中，我用一台简单的傻瓜相机拍下了我的第一批水下照片。我们现在再回头看这些珊瑚礁垂死挣扎的场景，真是令人震惊。我们经历了第一次有记录的全球珊瑚白化事件，它持续地杀死了世界上16%的硬珊瑚。[149]

16年后的2014年，我再次回到马尔代夫。当我第一次跳入水中时，我彻底崩溃了。曾经熙熙攘攘的珊瑚礁已经变成往日的回忆，我的心为逝去的生命痛苦。许多在1998年开始白化的珊瑚随后死亡。研究人员后来发现，由于海水温度比正常水平高出3~5摄氏度，印度洋部分地区在那一年失去了90%的珊瑚。[150] 在当地被称为"锡拉斯"的高耸的珊瑚礁巨石上，由不同的分枝珊瑚、盘状珊瑚和瓶状珊瑚形成的层次、形状和结构已经被侵蚀得像光秃秃的树桩。在生物多样性程度极高的珊瑚礁曾经矗立的地方，基岩现在已被绵延不绝的藻类覆盖了。当然，有些地方恢复得比其他地方好，还存在着更顽强的珊瑚，但毫无疑问，珊瑚礁已经经历了根本性变化。1998年是自150年前有温度记录以来地球经历的最热的

对页：在遭受白化破坏多年后，珊瑚礁顶端一片贫瘠。摄于马尔代夫

一年，其影响是显而易见的。[151] 此后，又发生了两次全球珊瑚白化事件，最近的一次从2016年持续到2017年，对马尔代夫造成了特别严重的打击。不知道珊瑚礁还能承受多少打击。

很少有人有幸亲眼看到珊瑚礁，因此，人们很难想象它们有多么不可思议。在物种的数量和多样性方面，地球上没有一个生态系统可以与之相比。在这个地方你可以看到鲨鱼、成群的梭鱼和鲹在你头顶上游动。你可以远望整座珊瑚礁，几十条珊瑚礁鱼类在那里飞快穿梭，忙着它们的事情。或者，你可以看看下面无数的无脊椎动物、海绵动物、被囊动物、珊瑚和棘皮动物（棘皮动物包括海星、海胆、蛇尾、海参以及海百合等），看看微小的侏儒海马和神秘的尖嘴鱼以很小的规模生活着。这一切能否存在都取决于硬珊瑚和低等藻类之间脆弱的联盟。通过本书，我们想让读者了解无数神奇的生物，了解它们需要依赖健康的珊瑚礁生存。许多读者会惊讶地发现，如此多的动物仍然在频繁地被发现，不仅包括躲在阴影和裂缝里的小型动物，还包括闪烁着万花筒般绚烂色彩的鱼类。如果我们失去了珊瑚礁，我们就会失去所有的珊瑚礁生物。

加勒比海是研究珊瑚礁生态系统如何随时间变化的一个典型案例。直到20世纪70年代末，加勒比海的硬珊瑚礁还未被人类踏足过。[152] 当时有几种硬珊瑚占统治地位，它们是珊瑚礁结构的主要建造者。[153] 鹿角珊瑚在加勒比海的浅滩上统治了至少50万年，直到20世纪80年代，它们在随后的10年时间里几乎完全消失了。如今，大型藻类占主导地位，而珊瑚只能勉强立足。加勒比海的珊瑚遭受了数量上的锐减，同时人类在海岸产生的营养径流起到了肥料的作用，导致大型纤维藻类的数量激增。一旦这些藻类长到一定的大小，即使植食性海洋动物数量恢复，也很难吃掉它们。随着时间的推移，藻类会遮蔽珊瑚，并阻止新的珊瑚虫定居；通过这种方式，藻类将永久地占据优势地位。

与此同时，疾病大爆发导致珊瑚虫和海胆大量死亡。白带珊瑚病杀死了大量的鹿角珊瑚的珊瑚虫。另一种病原体在1983年和1984年导致了最常见的长刺海胆（*Diadema setosum*）大面积死亡。[154] 一旦感染这种病原体，长刺海胆死亡率高达98%，数百

上图：当地环境条件决定了珊瑚礁生物的组成。摄于印度尼西亚西巴布亚岛，拉贾安帕

万长刺海胆因此死亡。对鹦嘴鱼等以藻类为食的大型鱼类的过度捕捞，也导致海洋中缺乏能够吃掉不断繁殖的藻类的动物。对加勒比海仅存的珊瑚来说，致命的最后一根稻草可能是大面积的珊瑚白化。2005年，一些地区95%的珊瑚群体受到白化的影响。在美属维尔京群岛，超过50%的珊瑚死于白化和随后的疾病。[155]

珊瑚白化

"珊瑚白化"是媒体经常提到的一个术语，但很少有人真正理解它是如何产生的以及它意味着什么。简单来说，当珊瑚和藻类的共生关系破裂时，珊瑚白化就会发生。这种藻类，更准确地说是虫黄藻，是米黄色的，它们在离开珊瑚虫之前赋予珊瑚颜色。"白化"一词指的是虫黄藻离开珊瑚虫后，珊瑚完全变成白色。海葵和其他带有虫黄藻的生物也会白化。藻类离开的原因有很多，但通常是环境压力的结果，如温度升高、污染，以及营养和光照水平提高。

珊瑚和藻类的共生关系使珊瑚在热带浅滩清澈而贫瘠的水域中茁壮成长。藻类，或者说虫黄藻，为珊瑚虫提供了通过光合作用产生的糖类；作为回报，珊瑚虫将自己的代谢废物作为肥料提供给藻类。珊瑚变白并不意味着珊瑚虫已经死亡，但如果海水温度升高过快，可能在珊瑚白化之前珊瑚虫就死亡了。在白化过程中，一些珊瑚虫可以在没有虫黄藻的情况下生存有限的一段时间，在此期间它们利用触手来捕食浮游生物。但在这个时候，珊瑚虫处于非常危险的境地。没有了虫黄藻，珊瑚虫受到的持续压力使其容易被病原体感染，并随之死亡。如果情况改善，新的虫黄藻可能在珊瑚虫中繁殖，珊瑚就可以开始恢复。白化事件后最危险的信号是珊瑚开始变成深棕色。这表明珊瑚虫已经死亡，其他藻类开始在珊瑚虫的骨骼上生长。到了这个阶段，珊瑚就不可能再恢复了。

最广泛的珊瑚白化事件是人类活动引起的气候变化导致海水温度上升的结果。[156] 在一年中的某个特定时间，海水平均温度比

第一行，从左到右：

杰茜拟雀鲷（*Pseudoch-romis jace*），2008年获得物种描述。摄于印度尼西亚西巴布亚岛，海神湾

两只小丑隔海蛞蝓（*Tra-pania scurra*），2008年获得物种描述。摄于印度尼西亚西巴布亚岛，海神湾

第二行，从左到右：

未进行物种描述的拟雀鲷。摄于印度尼西亚西巴布亚岛，海神湾

未进行物种描述的丝隆头鱼。摄于印度尼西亚西巴布亚岛，森德拉瓦西湾

预期升高2摄氏度，就足以导致珊瑚白化；在某些情况下，珊瑚礁不得不忍受比这更高的温度数月之久。事实上，海水温度仅仅比正常温度高1摄氏度并持续1个月就足以引发大规模的珊瑚白化。在过去的18年里，全球变暖导致了3次全球珊瑚白化事件：分别发生在1998年、2010年和2015/2016年。20世纪80年代，科学家首次记录了大规模珊瑚白化事件，但在1998年，第一次全球珊瑚白化事件的范围和影响在全世界引起了震动。最近一次（2015/2016年）的全球大规模珊瑚白化事件的影响仍在分析中，但这是有记录以来持续时间最长、范围最广、危害最严重的全球珊瑚白化事件，在此期间许多地区经历了多次大规模珊瑚白化事件。[157] 全球珊瑚白化事件对世界各地的影响发人深省，包括对具有标志性的大堡礁和夏威夷珊瑚礁的灾难性破坏。[158]

2015/2016年的珊瑚白化事件导致了澳大利亚道格拉斯港北部大堡礁的珊瑚礁生态系统的空前崩溃。[159,160] 大堡礁北部的珊瑚受到的冲击最严重，其死亡率占整个大堡礁珊瑚死亡率的75%。[161] 在极端温度的峰值期，2~3周的时间里就有数千万的珊瑚死亡。在522座被调查的珊瑚礁中，有80%的珊瑚严重白化，只有不到1%的珊瑚没有白化。仅2016年一年，大堡礁就有近⅓的珊瑚死亡。据估计，人类导致的气候变化使这种灾难性珊瑚死亡的概率增大了175倍。最可怕的预测表明，到2034年，大堡礁将每两年遭遇一次同样严重的珊瑚白化事件。

某些类型的珊瑚因白化而死亡的可能性更大，尤其是形成珊瑚礁立体结构的分枝珊瑚和板状珊瑚。考虑到这些珊瑚在一次特别严重的白化事件后可能被推向区域性灭绝的境地，这对珊瑚礁的未来有着巨大的影响。成熟多样的珊瑚礁群落需要多年的时间才能建

立起来，而白化事件会让这些群落很快失去往日的辉煌。依赖这些珊瑚生存的生物转眼间就失去了家园。通常，在健康的珊瑚礁顶部，你会看到大量的以浮游动物为食的鱼类，它们仅仅依靠分枝珊瑚的物理结构来躲避捕食者。这样的物种可能在珊瑚虫死亡后继续存在，但随着珊瑚虫的骨骼开始受到侵蚀和破碎，它们也终将消失。直接以珊瑚虫为食的特殊食性动物，如蝴蝶鱼和尖吻鲀，将发现它们的食物来源消失了。那么我们在前几章中提及的其他动物呢？科学界对它们知之甚少，也很难把它们纳入预测。然而，由于栖息地的消失，大多数珊瑚礁鱼类的数量在珊瑚白化事件后减少。许多专家预测，在未来几十年，这些全球白化事件将变得更加频繁和更加严重，以至于我们所知道的珊瑚礁可能撑不过2050年，甚至更早。[162] 到2050年你多大？你的孩子多大？

大规模珊瑚白化事件是由人类活动引起的气候变化直接造成的。[163] 当我们燃烧化石燃料时，大气中的二氧化碳增加，这反过来会将热量困在大气中。为了使全球气温保持在比工业化前水平高出2摄氏度以下，我们需要保证已探明储量的煤炭的80%、天然气的50%和石油的30%不被燃烧。[164] 1910年，大气中二氧化碳的含量是0.03%，现在则已经超过0.04%，这是至少80万年以来的最高值（尽管一些数据显示可能是2000万年以来的最高值）。人类已经如此深远地影响了全球的气候和环境。地质学家普遍认为我们已经进入了一个新的地质时代，他们建议叫它"人类世"（Anthropocene）。[165] 人类对地球环境的支配地位，在我们死后很长一段时间都可以在周围的地层中清晰地显现，这些土壤将成为记录人类存在的石碑。这些地层将包含人造产品（如混凝土和砖块），我们的道路和城市，受污染的土壤，塑料，以及来自发电厂的废料和原子弹的辐射，等等。

有毒的海洋

珊瑚白化并不是大气中二氧化碳浓度增高的唯一后果。近年来，海洋酸化的危险日益明显。我们排放的二氧化碳有30%以上被海水吸收。二氧化碳与水发生反应时会产生碳酸，海洋因此变

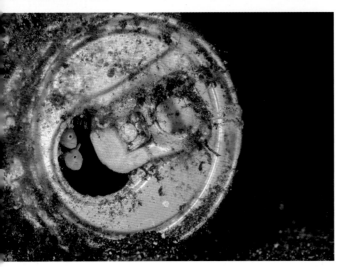

第一行，从左至右：

一条生活在瓶子里的短身裸叶虾虎鱼（*Lubricogobius exiguus*）。摄于日本伊豆半岛大濑崎

棘冠海星以被塑料袋和尿布包围着的最后一片珊瑚为食。摄于印度尼西亚西巴布亚岛，马诺克瓦里港

第二行，从左到右：

一对金色短身裸叶虾虎鱼栖息在一个汽水罐里。摄于印度尼西亚苏拉威西岛，伦贝海峡

章鱼藏在一次性塑料袋里。摄于印度尼西亚松巴哇岛

酸。[166] 产生的碳酸进一步反应，会从海水中吸收至关重要的碳酸盐离子，从而减少海洋生物获得碳酸钙的机会，而海洋生物依赖碳酸钙形成贝壳和其他结构，包括珊瑚虫的骨骼。由于大气中高浓度的二氧化碳，现在海洋中碳酸盐离子的浓度比过去42万年中任何时候的都要低。[167]

海洋酸化问题具有潜在的深远影响，并可能影响任何具有碳酸钙结构的生物，包括浮游生物、在珊瑚礁上生活的各种软体动物，以及棘皮动物和珊瑚虫。随着这一威胁的加剧，预计它对海洋生物的影响将越来越广泛。一旦大气中的二氧化碳浓度达到560 ppm，珊瑚的生长就会减少40%。[168] 实验表明，珊瑚虫在酸性水体中会完全失去骨骼，但当海水恢复正常后，它们还能重新生长出骨骼。这至少给了我们一线希望，只要我们能设法控制二氧化碳的排放。年复一年，珊瑚虫在它们祖先死去的碳酸盐骨骼上生长，所以这些碳酸盐骨骼的持续形成是未来珊瑚礁的基础。

海洋水质不仅受到气候变化的影响，而且受到土地管理措施的影响，其中最大的危险来自迅速增加的土地开垦和化肥使用。我们知道，珊瑚和藻类之间的共生关系是在清澈的蓝色热带海域中由于缺乏营养物质而演化形成的。当环境由于人类的干扰而改变时，这种合作关系就会破裂。森林砍伐对当地近海珊瑚礁的生存有直接影响。目前，地球表面的森林和其他自然植被正以每年1%的速度被砍伐，这导致我们的森林以每年消失100亿棵树的速度减少。[169] 那些突然大面积暴露的土壤缺乏植物的根系将它们聚在一起，这意味着大量的表层土壤会被冲入沿海水域。这会迅速使附近的珊瑚虫窒息并死亡。那些没有被直接闷死的珊瑚虫也会受到影响，因为海水浊度的增高阻挡了它们所需的阳光。

土地开垦的另一个问题是，人们通常会在开垦后的土地上种植作物，然后给作物施肥。自20世纪60年代以来，氮肥的使用量增加了6倍多。[170] 和土壤一样，这些肥料也被冲到珊瑚礁所在海

上图：2012年，一条当地特有的黄紫凹牙豆娘鱼（*Amblyglyphidodon flavopurpureus*）在一个废弃的一次性塑料瓶上看守和照料它的卵。摄于印度尼西亚西巴布亚岛，马诺克瓦里港

域。自由生活的大型藻类往往受益最大，而珊瑚不能从中受益。很快，获得营养的藻类就遮蔽了珊瑚并主宰了珊瑚礁。多年来，由于大量化肥用于沿海甘蔗的种植，大堡礁一直遭受损害。据估计，流入海洋的地表水的营养负荷比没有农业产生的营养径流时高7~10倍。

对页：礁石上的棘冠海星。摄于印度尼西亚苏拉威西岛，瓦卡托比

这些富营养化的连锁反应似乎导致了棘冠海星的爆发式生长。这些大型海星原本在珊瑚礁上自然分布，数量很少，但它们是以珊瑚虫为食的贪婪的生物。它们有毒，很少有捕食者能抵御它们的毒刺；然而，在正常情况下它们的自然密度通常很低，珊瑚礁能够消解它们的影响。这是正常生态循环的一部分。似乎大堡礁周围营养盐水平的升高导致了浮游植物的大量繁殖，而浮游植物是棘冠海星幼体的食物。当浮游植物数量增多1倍的时候，棘冠海星幼体的生长率和存活率就将增高10倍。[171] 局部洋流会富集这些幼体。当它们长大到可以在珊瑚礁上定居时，它们就会大量沉降并附着在珊瑚礁上。据估计，海星大规模的爆发式生长已经摧毁了大堡礁大片区域的珊瑚，给遭遇了珊瑚白化事件后的珊瑚礁生态系统带来了极大的压力。[172] 白天，成年海星通常躲在珊瑚礁的缝隙里，这使得物理淘汰失效。人们认为，降低营养盐水平以改善珊瑚礁区域的水质是减少海星的最好方法。

肥料并不是促进作物生长的唯一手段，农药也是增产的助手。在大堡礁，杀虫剂也开始对珊瑚礁产生影响，它们从农田中被冲进大海。即使是非常少量的除草剂也能影响海洋植物和珊瑚虫的生产力，现在这些除草剂也在珊瑚礁上被检测到。[173] 当然，大堡礁并不是唯一检测到农药影响的地点，但它提供了大量数据。农药的使用是一个全球性现象，它只是影响珊瑚礁的众多危险因素之一。

正如我们所见，即使是自然存在的珊瑚礁生物，如棘冠海星，也会在系统不平衡时失控。然而，当外来物种被引入珊瑚礁时，威胁就更大了。由于缺少天敌、竞争者甚至寄生生物，外来物种比本土物种有更大的生存优势。很多例子表明，外来物种影响了温带海洋生态系统，并造成了巨大的经济损失，这样的外来物种包括五大湖的斑马贻贝（*Dreissena polymorpha*）和澳大利亚南

部的日本海星（*Asterias amurensis*）；后者只是在澳大利亚水域发现的约250种海洋入侵物种之一。[174] 在热带海域，珊瑚礁生物从它们原来的家园迁移到新的海域时，也会造成类似的影响。

外来入侵

关于外来物种对珊瑚礁的影响，最著名和最具破坏性的例子是蓑鲉被引入加勒比地区。蓑鲉原产于印度洋–太平洋海域，于1990年初进入佛罗里达水域——很可能是从水族馆里逃逸的。对巴哈马

群岛的调查显示，2005年有一条蓑鲉来到这里，但到2007年，记录到的蓑鲉超过100条。从那以后，它们就像病毒一样蔓延。它们数量众多、分布广泛：已经东至百慕大，北上罗得岛州，南下巴西，几乎不可能被根除。[175] 由于它们捕食珊瑚礁鱼类，并与其他捕食者竞争，它们对本土物种构成了潜在的重大威胁。它们利用细丝状的巨大胸鳍将猎物围困住，然后迅速发动攻击。西大西洋的鱼类以前从未见识过这种捕食方法，所以蓑鲉的捕食成功率比在它们原生的印度洋-太平洋珊瑚礁海域高得多。

蓑鲉在加勒比珊瑚礁海域的出现与当地植食性鱼类的多样性和丰度的急剧下降有关，而这反过来又是加勒比珊瑚礁上藻类大量繁殖的另一个原因。像鲨鱼和石斑鱼这样的捕食者似乎自然地避开蓑鲉。由于蓑鲉群体中频繁出现的同类相食现象，以及一些本土物种开始学会吃这些新的入侵者，蓑鲉的数量有时似乎稳定下来。持续且有针对性地捕捞成年蓑鲉可能使生态系统恢复，并最终使更多的物种共存。

人类在海洋物种的迁移中扮演了重要角色。大型集装箱货轮的压舱水无意中运送了海洋生物。这些运输网络遍布全球，连接着欧洲、美洲、亚洲和其他地区的贸易中心。大型集装箱货轮在一个港口装载压舱水以保持船体稳定，当它们装载或卸下货物时，就会调整压舱水的体积。这些水可以在世界的某个地方被带上船并在另一

个地方被排空，从而将压舱水中的海洋生物幼体从一个地方运送到另一个地方。[176] 当它们被排入一片陌生的海域、没有天敌或竞争对手时，它们的数量就会激增。过不了多久，它们就会成为当地生态系统的一部分，然后它们就几乎不可能被清除了。

在澳大利亚，我最喜欢的潜水地点之一是悉尼以北几小时车程的一个海湾。在那里潜水时，我遇到了一种奇特的黑白黄三色相间的小海蛞蝓，它名叫"*Polycera capensis*"。在观察了几只这种裸鳃海蛞蝓，并欣赏了它们从前面伸出来的独特黄色嗅角后，我突然感到很奇怪，澳大利亚东部怎么会有"*Polycera capensis*"呢？"*capensis*"这个种名通常指的是南非的海角，所以我决定对这个名称进行一番研究。事实证明，这个物种很可能是通过船舶压舱水运输过来的非洲物种。自2014年以来，塔斯马尼亚岛附近的水温足以维持它的生存。这只是另一个外来物种定居的例子。和许多物种一样，目前这个物种会对澳大利亚本土的海洋生物产生什么影响，我们还不清楚。

我们帮助海洋生物在全球迁移的另一种方式是建造航运通道。苏伊士运河和巴拿马运河缩短了贸易路线，避免了船舶绕行大陆，每年能节省数百万美元。但与此同时，它们将此前被数百万年的地质变化分开的水体连接了起来。自1869年苏伊士运河开通以来，大约有350个物种从红海通过苏伊士运河进入地中海，其中许多物种对当地的动植物产生了巨大的影响。[177] 相关案例不胜枚举：一种羊鱼取代了当地的鲻鱼，一种外来的对虾取代了本土的对虾，一种入侵的牡蛎在10年内完全取代了以色列沿岸的本土的牡蛎。每到夏季，一种红海水母就在地中海东部大量繁殖，它们堵塞了渔网和发电厂的取水口。这些非本土的水母也是有毒的，蜇人后造成的疼痛可能持续数月，所以它们对旅游业和当地的海洋通道都有巨大的影响。通过巴拿马运河的海洋生物也很多，但幸运的是，没有通过苏伊士运河的海洋生物那么数量多。巴拿马运河的通道有淡水船闸系统，自1910年开通以来，它们阻止了许多（但并非全部）海洋入侵者的穿越。

无尽的索取

在世界上的一些地方，人类引进的物种造成了生态浩劫；而在另一些地方，人类捕获的本土物种数量超出了其种群的可持续利用水平，造成了当地生态系统的灾难。世界各地以珊瑚礁及其附近海域的鱼类为主要食物来源的人口约有10亿，捕获量约占全球渔业总产量的10%。因此，管理这些鱼类资源并将这些关键资源提供给世界最贫穷的地区显然十分重要。然而，目前看来，珊瑚礁鱼类的捕获量比长期可持续利用的水平高出64%。在斯里兰卡、马达加斯加、菲律宾、特立尼达和多巴哥等人口密集的岛屿周围，这种情况尤其严重。[178] 在西太平洋的珊瑚礁海域，人类为了维持生计而进行的小规模捕鱼活动已经持续了4万年，但没有造成已知的重大生态影响。因此，如果对渔业进行负责任的管理，可持续的捕捞是可以实现的。[179]

可悲的是，在我们的热带海洋中有许多不可持续的渔业，其中最令人心碎和造成最大浪费的是鱼翅渔业。过去20年，我在探

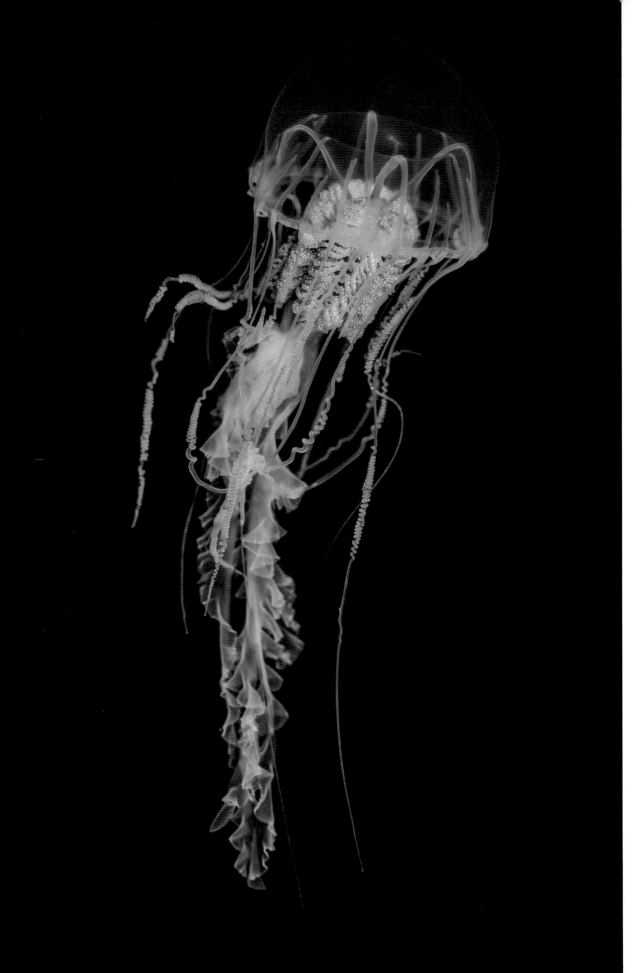

访东南亚珊瑚礁的过程中，亲眼目睹了鱼翅渔业对鲨鱼数量的影响。1999年，我来到了巴布亚新几内亚东部偏远角落的新爱尔兰岛的卡维恩。在潜水过程中，我两次遇到了最令人不可思议的鲨鱼。当我们在查普曼暗礁潜水时，我们的入水过程非常惊险，强大的水流迫使我们以最快的速度从水面直接潜到水下18米处。一旦安全下来，我们就可以在一些巨大的珊瑚后面躲避汹涌的水流，观察周围发生的一切。几百条六带鲹紧密地聚集在我们周围，它们知道暗礁附近潜伏着什么。

大约20分钟后，其他潜水员浮出水面，但我和父亲多待了一会儿，准备欣赏这场表演。现场只剩下我们两个人，潜伏的捕食者胆子也大了起来。突然，毫无征兆地，一场疯狂的捕食在我们眼前开始了。几条钝吻真鲨不知从哪儿飞速冒了出来，像子弹般从我们头顶上游过，速度之快简直让人眼花缭乱。它们把受惊的六带鲹直接从鱼群中叼走了。在银色身体的闪烁中，它们像来时一样快速地消失了。从那以后，我再也没有在东南亚的珊瑚礁上看到这么多的钝吻真鲨。

就在第二天，我们潜入瓦莱丽礁，那里以常驻的白边鳍真鲨（*Carcharhinus albimarginatus*）鱼群而闻名。这些粗壮的鲨鱼长达3米，有好几条在我们这群潜水员周围游来游去，令我们相形见绌。与这些壮观的动物如此近距离接触，却丝毫没有感觉到任何来自它们的危险，这真的让我们惭愧。只要尊重它们，我就从没有因为鲨鱼的行为而感受到威胁。事实上，这些鲨鱼应该害怕人类。不久之后，一个专门的延绳钓鲨鱼渔场就在巴布亚新几内亚开业了。仅仅一年的时间，瓦莱丽礁上优雅的白边鳍真鲨就被杀光了。值得庆幸的是，这个渔场在2014年关闭了，所以一些鲨鱼可能有机会回来。

全球的鱼翅渔业一直在不断地满足人们对鱼翅这一"美食"的无尽需求。大量的鲨鱼是用延绳钓捕获的。在公海上，延绳钓可以延伸110千米，每根绳上都挂着数千个带饵的鱼钩。由于鲨鱼体积较大且渔船上的存储空间有限，通常渔民只切下值钱的鲨鱼鱼鳍，然后把它们的身体扔回大海。

2015年，当我在保护得非常好的加拉帕戈斯群岛潜水时，两条巨大的平滑真鲨（*Carcharhinus falciformis*）从我身边游过，追逐游动的鱼群，我震惊地发现它们都没有背鳍。事实上，它们算是幸运的。通常这些鲨鱼在被释放前会窒息并死在延绳钓上。其他许多物种也会被延绳钓附带捕获到，如海龟、信天翁和海豚。据保守估计，每年有140万吨鲨鱼被捕获，数量大约为1亿条。然而，一些研究表明，这个数量可能达到2.7亿条。[180] 而美国的人口大约是3.25亿。据统计，在西北大西洋，噬人鲨（*Carcharodon carcharias*）、长尾鲨和双髻鲨的数量在过去15年里减少了75%以上。[181] 此外，大西洋的长鳍真鲨（*Carcharhinus longimanus*）被列为极度濒危物种，面临着极高的灭绝风险，但仍在继续被人类捕杀。尽管这些数据令人非常不安，但关于鲨鱼的数量以及它们能否从屠杀中恢复过来的数据非常缺乏。一些鲨鱼的数量被认

上图：大西洋的路氏双髻鲨（*Sphyrna lewini*）减少了75%。摄于加拉帕戈斯群岛

对页上图：六带鲹。摄于所罗门群岛

对页下图：在亚洲大部分地区，钝吻真鲨现在非常稀少，或者在局部地区已经灭绝。摄于澳大利亚大堡礁

为减少了90%。然而，我们缺乏2015年以后的准确信息，这可能意味着它们比我们了解到的更接近灭绝的境地。无论如何，在我们有生之年，鲨鱼都将很难从如此沉重的捕捞压力中恢复过来，尤其是在种群数量如此之少、性成熟又较晚的情况下。

荒原

珊瑚礁鱼类不仅受到过度捕捞的威胁，还受到许多破坏性捕捞方式的威胁。氰化物和炸药捕鱼是最具破坏性的捕鱼方式，其附带伤害会杀死其他许多生物。氰化物捕鱼往往用于活鱼食品贸易，其中石斑鱼和苏眉鱼是其主要目标。目标鱼被喷上氰化物后会陷入昏迷，然后被活捉，而所使用的氰化物会杀死一片珊瑚，以及栖息在其中的其他生物。比氰化物捕鱼更泛滥和更具破坏性的是炸药捕鱼。渔民冒着失去生命或四肢的危险，使用自制的炸弹杀死鱼，然后这些鱼会浮到水面，这样渔民就很容易大量收集。但爆炸的副作

上图：大西洋中巨大的长尾鲨急剧减少。摄于菲律宾宿务岛

对页上图：海龟与延绳钓相撞后。摄于菲律宾图巴塔哈礁

对页下图：在延绳钓渔业中，海豚成为偶然的附带捕获物。摄于葡萄牙亚速尔群岛

用是会摧毁珊瑚，留下大片的珊瑚碎石。

这些广阔荒地上的珊瑚碎石会随着洋流和海浪的摆动而轻微移动，这永久地阻止了珊瑚虫和其他生物的附着，因为它们需要附着在稳定而坚固的表面上。这些被破坏的海底几乎什么都没有，很少有鱼在这里生活。据估计，这些地方可能需要几十年到几百年的时间才能长出具有生产力和生物多样性的珊瑚礁。[182] 在一个生物多样性程度高的珊瑚礁中，一次爆炸可以摧毁1~2平方米的珊瑚。然而，长远来看，这些有限的爆炸造成的损害比我们认为的小得多。在5年内，这些爆炸留下的"弹坑"可以恢复正常。但是，假如广阔的荒地形成，那么许多年后它们仍然可能没有恢复的迹象。[183] 这可能是因为，被健康的珊瑚包围能促进受损珊瑚的再生。

为了应对世界各地珊瑚礁的退化，人造珊瑚礁正在被创造出来。人造珊瑚礁可以由混凝土块组成，它们可以形成稳定的基底，使珊瑚虫和其他生物在上面定居；也可以由金属框架组成，在某些情况下，金属框架会通过增强电流来促进珊瑚虫定居。这些设施似乎通过提供鱼类喜欢的结构复杂的栖息地来吸引它们。鱼类聚集可以在几个月内完成。随着时间的推移，从早期简单的结构到多样化的物种组合，这些人造珊瑚礁经历了一系列的生长。我们现在不知道的是，从长远来看，这些人造珊瑚礁是否会像自然珊瑚礁一样成为生物多样性程度高的生态系统。

人类对珊瑚礁和栖息在其中的动物造成了巨大的破坏，同时也造成了巨大的人道主义灾难和经济灾难，因为人类失去了珊瑚礁免费提供的所有服务。最根本的是，许多偏远的海洋国家，如图瓦卢、马绍尔群岛、基里巴斯和马尔代夫，直接依赖珊瑚礁来形成人们赖以生存的土地。马尔代夫是世界上人口密度最高的国家之一，大约有40万人生活在26个环礁上，其最高海拔仅高于海平面2米多。基里巴斯的海拔仅1.8米，它的11万多人口分散居住在33个低洼的环礁上。没有珊瑚礁，这些岛屿就不复存在。珊瑚的持续生长极为重要，否则这些岛屿将被海水侵蚀，或被上升的海平面吞没。

珊瑚在生长过程中会产生石灰石，而许多岛屿周围的海滨珊瑚礁在风暴来袭时对保护海岸线免遭侵蚀和破坏至关重要。珊瑚还能促进海藻床和红树林的生长，这对海岸保护非常重要。红树林是一个值得探索的迷人地方。它们形成的复杂的树根网络非常坚固，甚至可以缓冲最恶劣的气候造成的冲击。仅这些服务的价值就高达数千万美元。例如，在马尔代夫，用于取代珊瑚礁的人工防波堤就花费了1200万美元。[184] 世界上许多最贫穷的地区负担不起这样的奢侈品，只能依靠珊瑚礁自然形成的结构。然而，若要珊瑚礁继续提供保护，人类就必须保护好它们。

珊瑚礁不仅为制药行业提供了许多在抗癌、抗逆转录病毒、抗菌抗炎和抗凝血药物开发中有用的新化学物质，而且与珊瑚礁相关的旅游业为全球经济创造了数十亿美元的收益。仅大堡礁每年就能产生7~16亿美元的娱乐性收入。[185] 值得庆幸的是，一些国家开始认识到健康、有生命的珊瑚礁及其居民比死去的珊瑚礁更有价值。在印度尼西亚，当数据显示活蝠鲼的价值是死蝠鲼价值的2000倍后，政府禁止渔民捕捞蝠鲼。据估计，一条蝠鲼可以带来100万美元的旅游收入，相比之下，如果捕获并出售蝠鲼的话，收入还不到500美元。[186]

帕劳在2003年已经禁止商业捕鲨，2009年宣布其水域为鲨鱼保护区。游客为在鲨鱼保护区潜水观光支付的费用成为这个小国家的主要经济支柱。该国每年有1800万美元的收入，占GDP的80%，其中120万美元作为当地人的工资，150万美元作为政府的税收。[187] 销售鱼翅的收入远远不及旅游业的收入。同保护鲨鱼创造的收益相比，捕杀相同数量的鲨鱼的收益少得多，还不到1.1万美元。帕劳鲨鱼保护区的建立促使世界各地又建立了10个鲨鱼保护区，它们的总面积为1500万平方千米，占世界海洋面积的3%。除了帕劳，发布鲨鱼保护宣言的国家包括马尔代夫、洪都拉斯、巴哈马、英属维尔京群岛和新喀里多尼亚。世界各地都有这么大的动力来保护这些动物，这真是令人惊讶。现在必须建立实施框架来监督和管理这些保护区，确保它们达到目的。

这些保护区现在覆盖了巨大的水域，但主要保护开放的海洋，保护的目标是鲨鱼。除此之外，全球范围内还设立了一个类似的海

洋保护区——海洋国家公园。据统计，世界上18%的珊瑚礁被囊括在这个全球海洋保护区中，尽管这些珊瑚礁的功效差别很大。退化珊瑚礁的总体恢复能力如何似乎主要取决于其拥有的健康的大型植食性鱼类和掠食性鱼类种群。对专门保护这些鱼类的政策和制度进行重新调整后，只有1.4%的珊瑚礁在完全禁捕保护区的管辖范围内，从而保护这些鱼类不被捕捞。[188] 此外，良好的管理和执行是使海洋保护区有效的关键。世界上只有0.1%的珊瑚礁真正被纳入海洋保护区，它们既不受捕捞之害，也不受偷猎之害。研究表明，保护珊瑚礁的一个极其有效的方法是建立一个全球海洋保护区网络，每个保护区的面积约为10平方千米，彼此相距15千米，这样珊瑚礁可以资源互补，并保持彼此之间的联系。这听起来很难实现，因为世界各地需要增加2559个海洋保护区。不过，如果能够实现，它们可以保护世界上5%的珊瑚礁，并在保护珊瑚礁方面取得实质性进展。

上图： 在一个渔港下，两条鲨鱼的头被砍掉了。摄于印度尼西亚安汶

对页上图： 红树林是海岸防御的重要和免费资源。摄于所罗门群岛

对页下图： 红树林为许多生物提供了重要的栖息地。摄于印度尼西亚西巴布亚岛，拉贾安帕

珊瑚礁正处于一个临界点。灾难性的白化事件甚至摧毁了世界遗产中地处偏远且保护良好的珊瑚礁，比如大堡礁北部。事实上，如果情况继续恶化，到21世纪末，包括珊瑚礁在内的所有29个世界遗产地的生态系统都将丧失其功能。[189] 我们不能继续忽视无可争议的科学事实，也没有必要不停地研究珊瑚礁数量减少的原因。原因就是人类活动引起的气候变化。研究经费最好花在可再生能源的应用上。我们需要增加可再生能源的利用，逐步减少煤炭的使用，立即减少温室气体的排放。我们能故意给子孙后代留下一个没有珊瑚礁奇迹的世界吗？我们可以立即做出有利于未来珊瑚礁的改变，但我们必须立即采取前所未有的行动，而且必须共同采取行动。

因此，当我即将动身去探索最偏远的巴布亚岛以北185千米处一个很少有人参观的小珊瑚环礁群时，我想知道这样的地方还会存在多久。海葵鱼还能在五颜六色的海葵中嬉戏、竞争和交配多久？海葵在珊瑚礁上还能生长多久？我想到了神奇的侏儒海马、让人眼花缭乱的隆头鱼，还有满嘴都是鱼苗的天竺鲷。我想到了未来的孩子们，就和我的教子乔伊一样，他们将惊叹于2000多千米长的大堡礁和曾经高耸矗立的水下纪念碑，这些都是由水母的不起眼的亲戚建造的。

对页上图： 健康的鲨鱼种群。摄于墨西哥索科罗群岛

对页下图： 鲨鱼的鳍最适合待在它们自己身上。摄于墨西哥索科罗群岛

后记

在完成这本书的手稿的几个月后，我和劳去南非潜水。我们都是世界自然保护联盟海马和海龙专家组的成员。她致力于保护在南非南部海岸几个河口发现的当地特有的濒危南非海马（*Hippocampus capensis*）。几个月前，她去了南非东北部亚热带地区，听说一种侏儒海龙可能是新物种，并且和我在新西兰观察到的那些是同一物种。但她无法找到那种海龙，因为恶劣的天气条件严重限制了潜水的"窗口期"。然而，在那里有人向她展示了一张非常出乎她意料的照片，这就是我在2018年10月去南非的原因。

我和同事于2018年8月新命名的日本海马*Hippocampus japapigu*是迄今发现的距离珊瑚三角区（包括印度尼西亚、菲律宾、巴布亚新几内亚、所罗门群岛、马来西亚和东帝汶海域）最远的侏儒海马。已知的所有侏儒海马都是在珊瑚三角区及其周边地区被发现的，最远到澳大利亚和一些分散的太平洋岛屿。我最希望从劳那里听到的是，在南非可能发现了一种侏儒海马。然而，在印度洋的任何地方，发现一种新的侏儒海马都将是一个巨大的惊喜——这就像在挪威找到袋鼠一样。因此，一有时间，我就立即去了南非。劳和我见到了萨凡纳，就是她发现了这个惊人的小家伙。在第一潜时，尽管我们非常担心，但还是看到了它们：一对南非海马在

对页：新发现的南非海马。摄于南非

海浪中惬意地摇摆。我还发现了一个只有1厘米长的小宝宝，所以我们明白这是一个未知物种的繁殖群体。这是有史以来第一次发现来自印度洋的侏儒海马。在接下来的几个月里，我们将一起为这种神奇的鱼命名，同时了解它的更多生物学特征和行为。事实上，在我们最后一次潜水时，我们也发现了开启这次冒险旅程的那种侏儒海龙。它看起来也可能是一个新物种。这些发现再一次向我们表明，关于我们的海洋和它宝贵的居民，还有很多东西需要我们去了解。

对页： 一种可能来自南非的海龙新种。

第292页： 一条巨大的鳖鱼与一条年幼的长棘毛唇隆头鱼（*Lachnolaimus maximus*）对视。摄于菲律宾内格罗斯岛，杜马格特

后记

参考文献

1. Rafael de la Parra Venegas et al., "An Unprecedented Aggregation of Whale Sharks, *Rhincodon typus*, in Mexican Coastal Waters of the Caribbean Sea," *PLoS ONE* 6, 4 (April 2011).

2. Michael Benton and Richard Twitchett, "How to Kill (Almost) All Life: the End Permian Extinction Event," *Trends in Ecology & Evolution* 18, 7 (2003): 358–365.

3. Wolfgang Kiessling et al., "An Early Hettangian Coral Reef in Southern France: Implications for the End-Triassic Reef Crisis," *Palaios* 24 (2009): 657–671.

4. George Stanley Jr. and Peter Swart, "Evolution of the Coral-Zooxanthellae Symbiosis during the Triassic: a Geochemical Approach," *Paleobiology* 21, 2 (1995): 179–199.

5. C. Hearn, M. Atkinson, and J. Falter, "A Physical Derivation or Nutrient-Uptake Rates in Coral Reefs: Effects of Roughness and Waves," *Coral Reefs* 20 (2001): 347–356.

6. Michael Huston, "Variation in Coral Growth Rates with Depth at Discovery Bay, Jamaica," *Coral Reefs* 4 (1985): 19–25.

7. Heike Wagele and Geir Johnsen, "Observations on the Histology and Photosynthetic Performance of 'Solar Powered' Opisthobranchs (Mollusca, Gastropoda, Opisthobranchia) Containing Symbiotic Chloroplasts or Zooxanthellae," *Organisms, Diversity and Evolution* 1 (2001): 193–210.

8. Ken Ridgway and Katy Hill, "Marine Climate Change in Australia: Impacts and Adaptation Responses," Report Card 5 (2009).

9. T. Wernberg et al., "Impacts of Climate Change in a Global Hotspot for Temperate Marine Biodiversity and Ocean Warming," *Journal of Experimental Marine Biology and Ecology* 400 (2011): 7–16.

10. K. Ridgway, "Long-Term Trend and Decadal Variability of the Southward Penetration of the East Australia Current," *Geophysical Research Letters* 34, 13 (2007).

11. Craig Johnson et al., "Climate Change Cascades: Shifts in Oceanography, Species' Ranges and Sub-

tidal Marine Community Dynamics in Eastern Tasmania," *Journal of Experimental Marine Biology and Ecology* 400 (2011): 17–32.

12. S. Ling, "Range Expansion of a Habitat-Modifying Species Leads to Loss of Taxonomic Diversity: a New and Impoverished Reef State," *Oecologia* 156 (2008): 883–894.

13. J. Cortes, "Biology and Geology of Eastern Pacific Coral Reefs," *Coral Reefs* 16 (Supplement 1) (1997): S39–S46.

14. Andrew Bruckner, "Galapagos Coral Reef and Coral Community Monitoring Manual," *Khaled bin Sultan Living Oceans Foundation Publication* 10 (2013).

15. Anshika Singh and Narsinh Thakur, "Significance of Investigating Allelopathic Interactions of Marine Organisms in the Discovery and Development of Cytotoxic Compounds," *Chemico-Biological Interactions* 243 (2016): 135–147.

16. Mauro Maida, Paul Sammarco, and John Coll, "Effects of Soft Coral on Scleractinian Coral Recruitment. I: Directional Allelopathy and Inhibition of Settlement," *Marine Ecology Progress Series* 121 (1995): 191–202.

17. Mary Elliot, "Profiles of Trace Elements and Stable Isotopes Derived from Giant Long-Lived *Tridacna gigas* Bivalves: Potential Applications in Paleoclimate Studies," *Palaeogeography, Palaeoclimatology, Palaeoecology* 280 (2009): 132–42.

18. P. Buston and M. Garcia, "An Extraordinary Life Span Estimate for the Clown Anemonefish *Amphiprion percula*," *Journal of Fish Biology* 70 (2007): 1710–1719.

19. D. Brown et al., "American Samoa's Island of Giants: Massive Porites Colonies at Ta'u Island," *Coral Reefs* 28, 3 (2009): 735.

20. Andrew Hoey and David Bellwood, "Limited Functional Redundancy in a High Diversity System: Single Species Dominates Key Ecological Process on Coral Reefs," *Ecosystems* 12 (2009): 1316–1328.

21. Michael Crosby and Ernst Reese, "A Manual for Monitoring Coral Reefs with Indicator Species: Butterflyfishes as Indicators of Change on Indo-Pacific Reefs." Office of Ocean and Coastal Resource Management, National Oceanic and Atmospheric Administration, Silver Spring, MD (1996).

22. H. Fukami et al., "Ecological and Genetic Aspects of Reproductive Isolation by Different Spawning Times in Acropora Corals," *Marine Biology* 142 (2003): 679–684.

23. Charles Boch et al., "Effects of Light Dynamics on Coral Spawning Synchrony," *Biological Bulletin* 220 (2011): 161–173.

24. Jasper de Goeij et al., "Surviving in a Marine Desert: the Sponge Loop Retains Resources Within Coral Reefs," *Science* 342, 6 (2013): 108–110.

25. Patrick Lemaire, "Evolutionary Crossroads in Developmental Biology: the Tunicates," *Development* 138 (2011): 2143–2152.

26. Fredrik Moberg and Carl Folke, "Ecological Goods and Services of Coral Reef Ecosystems," *Ecological Economics* 29, 2 (1999): 215–233.

27. Rebecca Fisher et al., "Species Richness on Coral Reefs and the Pursuit of Convergent Global Estimates," *Current Biology* 25, 4 (2015): 500–505.

28. Alasdair D. McIntyre, ed., *Life in the World's Oceans: Diversity, Distribution and Abundance* (Blackwell Publishing, 2010): 65–74.

29. Renema, Willem, ed., *Biogeography, Time and Place: Distributions, Barriers and Islands* 29 (Springer Science and Business Media, 2007): 117–178.

30. Gerald Allen, "Conservation Hotspots of Biodiversity and Endemism for Indo-Pacific Coral Reef Fish-

es," *Aquatic Conservation: Marine and Freshwater Ecosystems* 18, 5 (2008): 541–556.

31. J. Veron et al., "Delineating the Coral Triangle," *Galaxea, Journal of Coral Reef Studies* 11, 2 (2009): 91–100.

32. A. Green and P. Mous, "Delineating the Coral Triangle, its Ecoregions and Functional Seascapes," Version 5.0. TNC Coral Triangle Program Report 1, 08 (2008).

33. J. Veron et al., "Delineating the Coral Triangle," *Galaxea, Journal of Coral Reef Studies* 11, 2 (2009): 91–100.

34. J. Veron et al., "Delineating the Coral Triangle," *Galaxea, Journal of Coral Reef Studies* 11, 2 (2009): 91–100.

35. Hedley Grantham et al., "A Comparison of Zoning Analyses to Inform the Planning of a Marine Protected Area Network in Raja Ampat, Indonesia," *Marine Policy* 38 (2013): 184–194.

36. Gerald Allen and Mark Erdmann, "Reef Fishes of the Bird's Head Peninsula, West Papua, Indonesia," *Check List* 5, 3 (2009): 587–628.

37. Gerald Allen and Mark Erdmann, *Reef Fishes of the East Indies*, Volume II. Tropical Reef Research, Perth, Australia (2012): 425–856.

38. Gerald Allen et al., "*Hemiscyllium halmahera*, a New Species of Bamboo Shark (Hemiscylliidae) from Indonesia," *Aqua, International Journal of Ichthyology* 19 (2013): 123–136.

39. Gerald Allen, "Conservation Hotspots of Biodiversity and Endemism for Indo-Pacific Coral Reef Fishes," *Aquatic Conservation: Marine and Freshwater Ecosystems* 18, 5 (2008): 541–556.

40. Joseph DiBattista et al., "On the Origin of Endemic Species in the Red Sea," *Journal of Biogeography* 43, 1 (2016): 13–30.

41. Nicholas Casewell et al., "The Evolution of Fangs, Venom, and Mimicry Systems in Blenny Fishes," *Current Biology* 27, 8 (2017): 1184–1191.

42. Luke Tornabene et al., "Support for a 'Center of Origin' in the Coral Triangle: Cryptic Diversity, Recent Speciation, and Local Endemism in a Diverse Lineage of Reef Fishes (Gobiidae: Eviota)," *Molecular Phylogenetics and Evolution* 82 (2015): 200–210.

43. Paul Barber, "The Challenge of Understanding the Coral Triangle Biodiversity Hotspot," *Journal of Biogeography* 36, 10 (2009): 1845–1846.

44. Paul Barber, M. Moosa, and S. Palumbi. "Rapid Recovery of Genetic Diversity of Stomatopod Populations on Krakatau: Temporal and Spatial Scales of Marine Larval Dispersal," *Proceedings of the Royal Society B: Biological Sciences* 269, 1500 (2002): 1591–1597.

45. Alejandro Vagelli and Mark Erdmann, "First Comprehensive Ecological Survey of the Banggai Cardinalfish, *Pterapogon kauderni*," *Environmental Biology of Fishes* 63, 1 (2002).

46. Alejandro Vagelli, "The Reproductive Biology and Early Ontogeny of the Mouthbrooding Banggai Cardinalfish, *Pterapogon kauderni* (Perciformes, Apogonidae)," *Environmental Biology of Fishes* 56, 1–2 (1999): 79–92.

47. Willem Renema et al., "Hopping Hotspots: Global Shifts in Marine Biodiversity," *Science* 321, 5889 (2008): 654–657.

48. Alain Dubois, "Describing a New Species," *Taprobanica: The Journal of Asian Biodiversity* 2, 1 (2011): 6–24.

49. J. Stevens, "Whale Shark (*Rhincodon typus*) Biology and Ecology: a Review of the Primary Literature," *Fisheries Research* 84, 1 (2007): 4–9.

50. Shang Yin Vanson Liu et al., "Genetic Diversity and

Connectivity of the Megamouth Shark (*Megachasma pelagios*)," *PeerJ* 6 (2018): e4432.

51. Christine Huffard et al., "The Evolution of Conspicuous Facultative Mimicry in Octopuses: an Example of Secondary Adaptation?" *Biological Journal of the Linnean Society* 101, 1 (2010): 68–77.

52. Luiz Rocha, Richard Ross, and G. Kopp, "Opportunistic Mimicry by a Jawfish," Coral Reefs 31, 1 (2012): 285.

53. James Thomas, "*Leucothoe eltoni* sp. n., a New Species of Commensal Leucothoid Amphipod from Coral Reefs in Raja Ampat, Indonesia (Crustacea, Amphipoda)," *ZooKeys* 518 (2015): 51–66.

54. Luiz Rocha et al., "Mesophotic Coral Ecosystems are Threatened and Ecologically Distinct from Shallow Water Reefs," *Science* 361, 6399 (2018): 281–284.

55. Richard Pyle, Brian Greene, and Randall Kosaki. "*Tosanoides obama*, a New Basslet (Perciformes, Percoidei, Serranidae) from Deep Coral Reefs in the Northwestern Hawaiian Islands," *ZooKeys* 641 (2016): 165–181.

56. Luiz Rocha et al., "*Roa rumsfeldi*, a New Butterflyfish (Teleostei, Chaetodontidae) from Mesophotic Coral Ecosystems of the Philippines," *ZooKeys* 709 (2017): 127–134.

57. Greg Rouse, Josefin Stiller, and Nerida Wilson, "First Live Records of the Ruby Seadragon (*Phyllopteryx dewysea*, Syngnathidae)," *Marine Biodiversity Records* 10, 1 (2017): 2.

58. Nicolas Hubert et al., "Cryptic Diversity in Indo-Pacific Coral-Reef Fishes Revealed by DNA-Barcoding Provides New Support to the Centre-of- Overlap Hypothesis," *PLoS ONE* 7, 3 (2012): e28987.

59   Andrea Marshall, Leonard Compagno, and Michael Bennett, "Redescription of the Genus Manta with Resurrection of *Manta alfredi* (Krefft, 1868) (Chondrichthyes; Myliobatoidei; Mobulidae)," *Zootaxa* 2301 (2009): 1–28.

60. Tom Kashiwagi et al., "The Genetic Signature of Recent Speciation in Manta Rays (*Manta alfredi and M. birostris*)," *Molecular Phylogenetics and Evolution* 64, 1 (2012): 212–218.

61. William White et al., "Phylogeny of the Manta and Devilrays (Chondrichthyes: mobulidae), with an Updated Taxonomic Arrangement for the Family," *Zoological Journal of the Linnean Society* 182, 1 (2017): 50–75.

62. Shaun Wilson et al., "Habitat Utilization by Coral Reef Fish: Implications for Specialists vs. Generalists in a Changing Environment," *Journal of Animal Ecology* 77, 2 (2008): 220–228.

63. Douglas Boucher, Sam James, and Kathleen Keeler, "The Ecology of Mutualism," *Annual Review of Ecology and Systematics* 13, 1 (1982): 315–347.

64. Hiroki Hata and Makoto Kato. "A Novel Obligate Cultivation Mutualism Between Damselfish and *Polysiphonia Algae*," *Biology Letters* 2, 4 (2006): 593–596.

65. Andrew Thompson, Christine Thacker, and Emily Shaw, "Phylogeography of Marine Mutualists: Parallel Patterns of Genetic Structure Between Obligate Goby and Shrimp Partners," *Molecular Ecology* 14, 11 (2005): 3557–3572.

66. Janie Wulff, "Mutualisms Among Species of Coral Reef Sponges," *Ecology* 78.1 (1997): 146–159.

67. Robert Poulin and Serge Morand, Parasite *Biodiversity* (Smithsonian Institution Scholarly Press, 2005).

68. Florian Wehrberger and Juergen Herler, "Microhabitat Characteristics Influence Shape and Size of Coral-Associated Fishes," *Marine Ecology Progress Series* 500 (2014): 203–214.

69. Juergen Herler, Sergey Bogorodsky, and Toshiyuki Suzuki, "Four New Species of Coral Gobies (Teleostei: Gobiidae: Gobiodon), with Comments on their Relationships Within the Genus," *Zootaxa* 3709.4 (2013): 301–329.

70. Philip Munday, Lynne van Herwerden, and Christine Dudgeon, "Evidence for Sympatric Speciation by Host Shift in the Sea," *Current Biology* 14, 16 (2004): 1498–1504.

71. D. Brown et al., "American Samoa's Island of Giants: Massive *Porites* Colonies at Ta'u Island," *Coral Reefs* 28, 3 (2009): 735.

72. S. McMurray, James Blum, and Joseph Pawlik, "Redwood of the Reef: Growth and Age of the Giant Barrel Sponge *Xestospongia muta in the Florida Keys*," *Marine Biology* 155.2 (2008): 159–171.

73. Brendan Roark et al., "Extreme Longevity in Proteinaceous Deep-Sea Corals," *Proceedings of the National Academy of Sciences* 106, 13 (2009): 5204–5208.

74. Valerie Syverson, "Predation, Resistance, and Escalation in Sessile Crinoids." Doctoral Thesis, University of Michigan (2014).

75. Hsin-Drow Huang, Daniel Rittschof, and Ming-Shiou Jeng, "Multispecies Associations of Macrosymbionts on the Comatulid Crinoid *Comanthina schlegeli* (Carpenter) in Southern Taiwan," *Symbiosis* 39, 1 (2005): 47–51.

76. Dimitri Deheyn, Sergey Lyskin, and Igor Eeckhaut, "Assemblages of Symbionts in Tropical Shallow-Water Crinoids and Assessment of Symbionts' Host-Specificity," *Symbiosis* 42, 3 (2006): 161–168.

77. Emmett Duffy, Cheryl Morrison, and Rubén Ríos, "Multiple Origins of Eusociality Among Sponge-Dwelling Shrimps (Synalpheus)," *Evolution* 54, 2 (2000): 503–516.

78. Gerald Allen, "Review of Indo-Pacific Coral Reef Fish Systematics: 1980 to 2014," *Ichthyological Research* 62, 1 (2015): 2–8.

79. Andrew Negri et al., "Understanding Ship-Grounding Impacts on a Coral Reef: Potential Effects of Anti-Foulant Paint Contamination on Coral Recruitment," *Marine Pollution Bulletin* 44, 2 (2002): 111–117.

80. P. Barth et al., "From the Ocean to a Reef Habitat: How Do the Larvae of Coral Reef Fishes Find Their Way Home? A State of Art on the Latest Advances," *Vie et Milieu* 65, 2 (2015): 91–100.

81. Rebecca Lawton, Morgan Pratchett, and Michael Berumen, "The Use of Specialisation Indices to Predict Vulnerability of Coral-Feeding Butterflyfishes to Environmental Change," *Oikos* 121, 2 (2012): 191–200.

82. Ricardo Beldade et al., "Spatial Patterns of Self-Recruitment of a Coral Reef Fish in Relation to Island-Scale Retention Mechanisms," *Molecular Ecology* 25, 20 (2016): 5203–5211.

83. Jelle Atema, Michael Kingsford, and Gabriele Gerlach, "Larval Reef Fish Could Use Odour for Detection, Retention and Orientation to Reefs," *Marine Ecology Progress Series* 241 (2002): 151–160.

84. Jeffrey Leis, Hugh Sweatman, and Sally Reader, "What the Pelagic Stages of Coral Reef Fishes are Doing out in Blue Water: Daytime Field Observations of Larval Behavioural Capabilities," *Marine and Freshwater Research* 47, 2 (1996): 401–411.

85. William Brooks and Richard Mariscal, "The Acclimation of Anemone Fishes to Sea Anemones: Protection by Changes in the Fish's Mucous Coat," *Journal of Experimental Marine Biology and Ecology* 80, 3 (1984): 277–285.

86. Bruno Frédérich et al., "Iterative Ecological Radia-

tion and Convergence during the Evolutionary History of Damselfishes (Pomacentridae)," *The American Naturalist* 181, 1 (2013): 94–113.

87. Anita Nedosyko et al., "Searching for a Toxic Key to Unlock the Mystery of Anemonefish and Anemone Symbiosis," *PLoS ONE* 9, 5 (2014): e98449.

88. Sally Holbrook and Russell Schmitt, "Growth, Reproduction and Survival of a Tropical Sea Anemone (Actiniaria): Benefits of Hosting Anemonefish," *Coral Reefs* 24, 1 (2005): 67–73.

89. Peter Buston and M. García González, "An Extraordinary Life Span Estimate for the Clown Anemonefish *Amphiprion percula*," *Journal of Fish Biology* 70, 6 (2007): 1710–1719.

90. Peter Buston, "Social Hierarchies: Size and Growth Modification in Clownfish," *Nature* 424, 6945 (2003): 145–146.

91. Miyako Kobayashi and Akihisa Hattori, "Spacing Pattern and Body Size Composition of the Protandrous Anemonefish *Amphiprion frenatus* Inhabiting Colonial Host Anemones," *Ichthyological Research* 53, 1 (2006): 1–6.

92. Peter Buston, "Mortality is Associated with Social Rank in the Clown Anemonefish (*Amphiprion percula*)," Marine Biology 143, 4 (2003): 811–815.

93. Robert Ross, "Reproductive Behavior of the Anemonefish *Amphiprion melanopus* on Guam," *Copeia* 1978, 1 (1978): 103–107.

94. J. Hobbs, J. Neilson, and J. Gilligan, "Distribution, Abundance, Habitat Association and Extinction Risk of Marine Fishes Endemic to the Lord Howe Island Region." Report to Lord Howe Island Marine Park (James Cook University, 2009).

95. Colette Wabnitz et al., "From Ocean to Aquarium: the Global Trade in Marine Ornamental Species." UNEP World Conservation Monitoring Centre. Cambridge, UK (2003).

96. Craig Shuman, Gregor Hodgson, and Richard Ambrose, "Population Impacts of Collecting Sea Anemones and Anemonefish for the Marine Aquarium Trade in the Philippines," *Coral Reefs* 24, 4 (2005): 564–573.

97. Terry Hughes et al., "Spatial and Temporal Patterns of Mass Bleaching of Corals in the Anthropocene," *Science* 359.6371 (2018): 80–83.

98. Anna Scott and Danielle Dixson, "Reef Fishes Can Recognize Bleached Habitat during Settlement: Sea Anemone Bleaching Alters Anemonefish Host Selection," *Proceedings of the Royal Society B: Biological Sciences* 283 (2016): 2015–2694.

99. Ricardo Beldade et al., "Cascading Effects of Thermally-Induced Anemone Bleaching on Associated Anemonefish Hormonal Stress Response and Reproduction," *Nature Communications* 8, 1 (2017): 716.

100. P. Saenz-Agudelo et al., "Detrimental Effects of Host Anemone Bleaching on Anemonefish Populations," *Coral Reefs* 30, 2 (2011): 497–506.

101. Anna Scott and Andrew Hoey, "Severe Consequences for Anemonefishes and their Host Sea Anemones during the 2016 Bleaching Event at Lizard Island, Great Barrier Reef," *Coral Reefs* 36, 3 (2017): 873.

102. Ricardo Beldade et al., "Cascading Effects of Thermally-Induced Anemone Bleaching on Associated Anemonefish Hormonal Stress Response and Reproduction," *Nature Communications* 8, 1 (2017): 716.

103. D. Taira et al., "First Record of the Host-Specific Anemonefish *Amphiprion frenatus* Inhabiting Heteractis magnifica during a Mass Bleaching Event," *Bulletin of Marine Science* 94, 1 (2018): 123–124.

104. M. Arvedlund and A. Takemura, "Long-Term Observation in Situ of the Anemonefish *Amphiprion clarkii* (Bennett) in Association with a Soft Coral,"

Coral Reefs 24, 4 (2005): 698.

105. Anna Scott and Danielle Dixson, "Reef Fishes Can Recognize Bleached Habitat during Settlement: Sea Anemone Bleaching Alters Anemonefish Host Selection," *Proceedings of the Royal Society B: Biological Sciences* 283 (2016): 2015–2694.

106. Richard Smith, "The Biology and Conservation of Gorgonian-Associated Pygmy Seahorses," Doctoral dissertation, University of Queensland, Australia (2010).

107. Sara Lourie, Riley Pollom, and Sarah Foster, "A Global Revision of the Seahorses *Hippocampus* Rafinesque 1810 (Actinopterygii: Syngnathiformes): Taxonomy and Biogeography with Recommendations for Further Research," *Zootaxa* 4146, 1 (2016): 1–66.

108. Sarah Foster and Amanda Vincent, "Life History and Ecology of Seahorses: Implications for Conservation and Management," *Journal of Fish Biology* 65, 1 (2004): 1–61.

109. C. Kvarnemo et al., "Monogamous Pair Bonds and Mate Switching in the Western Australian Seahorse *Hippocampus subelongatus*," *Journal of Evolutionary Biology* 13, 6 (2000): 882–888.

110. Adam Jones et al., "Sympatric Speciation as a Consequence of Male Pregnancy in Seahorses," *Proceedings of the National Academy of Sciences* 100, 11 (2003): 6598–6603.

111. Richard Smith, Alexandra Grutter, and Ian Tibbetts, "Extreme Habitat Specialisation and Population Structure of Two Gorgonian-Associated Pygmy Seahorses," *Marine Ecology Progress Series* 444 (2012): 195–206.

112. Marc Bally and Joaquim Garrabou, "Thermodependent Bacterial Pathogens and Mass Mortalities in Temperate Benthic Communities: a New Case

of Emerging Disease Linked to Climate Change," *Global Change Biology* 13, 10 (2007): 2078–2088.

113. Graham Short, Richard Smith, and David Harasti, "*Hippocampus japapigu*, a New Species of Pygmy Seahorse from Japan, with a Redescription of H. pontohi (Teleostei, Syngnathidae)," *ZooKeys* 779 (2018): 27–49.

114. K. Kumaravel et al., "Seahorses—A Source of Traditional Medicine," *Natural Product Research* 26, 24 (2012): 2330–2334.

115. Julia Lawson, Sarah Foster, and Amanda Vincent, "Low Bycatch Rates Add up to Big Numbers for a Genus of Small Fishes," *Fisheries* 42, 1 (2017): 19–33.

116. Ryan Hechinger and Kevin Lafferty, "Host Diversity Begets Parasite Diversity: Bird Final Hosts and Trematodes in Snail Intermediate Hosts," *Proceedings of the Royal Society B: Biological Sciences* 272, 1567 (2005): 1059–1066.

117. Iain Barber, Danie Hoare, and Jens Krause, "Effects of Parasites on Fish Behaviour: a Review and Evolutionary Perspective," *Reviews in Fish Biology and Fisheries* 10, 2 (2000): 131–165.

118. Tommy Leung, "Evolution: How a Barnacle Came to Parasitise a Shark," *Current Biology* 24, 12 (2014): R564–R566.

119. Kevin Lafferty and Armand Kuris, "Parasitic Castration: the Evolution and Ecology of Body Snatchers," *Trends in Parasitology* 25, 12 (2009): 564–572.

120. Karen Cheney et al., "Blue and Yellow Signal Cleaning Behavior in Coral Reef Fishes," *Current Biology* 19, 15 (2009): 1283–1287.

121. Alexandra Grutter, "Parasite Removal Rates by the Cleaner Wrasse *Labroides dimidiatus*," *Marine Ecology Progress Series* 130 (1996): 61–70.

122. Redouan Bshary and Manuela Würth, "Cleaner Fish

Labroides dimidiatus Manipulate Client Reef Fish by Providing Tactile Stimulation," *Proceedings of the Royal Society B: Biological Sciences* 268, 1475 (2001): 1495–1501.

123. Karen Cheney, Redouan Bshary, and Alexandra Grutter, "Cleaner Fish Cause Predators to Reduce Aggression Toward Bystanders at Cleaning Stations," *Behavioral Ecology* 19, 5 (2008): 1063–1067.

124. Redouan Bshary, "The Cleaner Wrasse, *Labroides dimidiatus*, is a Key Organism for Reef Fish Diversity at Ras Mohammed National Park, Egypt," *Journal of Animal Ecology* 72, 1 (2003): 169–176.

125. Alexandra Grutter et al., "Fish Mucous Cocoons: the 'Mosquito Nets' of the Sea," *Biology Letters* 7, 2 (2010): 292–294.

126. Nico Smit et al., "Hematozoa of Teleosts from Lizard Island, Australia, with Some Comments on Their Possible Mode of Transmission and the Description of a New Hemogregarine Species," *Journal of Parasitology* 92, 4 (2006): 778–788.

127. Ana Pinto et al., "Cleaner Wrasses *Labroides dimidiatus* Are More Cooperative in the Presence of an Audience," *Current Biology* 21, 13 (2011): 1140–1144.

128. Jennifer Oates, Andrea Manica, and Redouan Bshary, "Roving and Service Quality in the Cleaner Wrasse *Labroides bicolor*," *Ethology* 116, 4 (2010): 309–315.

129. Armand Kuris, Mark Torchin, and Kevin Lafferty, "*Fecampia erythrocephala* Rediscovered: Prevalence and Distribution of a Parasitoid of the European Shore Crab, Carcinus maenas," *Journal of the Marine Biological Association of the United Kingdom* 82, 6 (2002): 955–960.

130. Kevin Lafferty and Jenny Shaw, "Comparing Mech-anisms of Host Manipulation Across Host and Parasite Taxa," *Journal of Experimental Biology* 216, 1 (2013): 56–66.

131. Yuval Baar, Joseph Rosen, and Nadav Shashar, "Circular Polarization of Transmitted Light by Sapphirinidae Copepods," *PLoS ONE* 9, 1 (2014): e86131.

132. Dvir Gur et al., "Structural Basis for the Brilliant Colors of the Sapphirinid Copepods," *Journal of the American Chemical Society* 137, 26 (2015): 8408–8411.

133. Justin Marshall and Kentaro Arikawa, "Unconventional Colour Vision," *Current Biology* 24, 24 (2014): R1150–R1154.

134. Karen Cheney and Justin Marshall, "Mimicry in Coral Reef Fish: How Accurate is This Deception in Terms of Color and Luminance?" *Behavioral Ecology* 20, 3 (2009): 459–468.

135. G. Losey et al., "Visual Biology of Hawaiian Coral Reef Fishes. I. Ocular Transmission and Visual Pigments," *Copeia* 2003, 3 (2003): 433–454.

136. Justin Marshall, "Communication and Camouflage with the Same 'Bright' Colours in Reef Fishes," *Philosophical Transactions of the Royal Society of London B: Biological Sciences* 355, 1401 (2000): 1243–1248.

137. Roger Hanlon, "Cephalopod Dynamic Camouflage," *Current Biology* 17, 11 (2007): R400–R404.

138. Desmond Ramirez and Todd Oakley, "Eye-Independent, Light-Activated Chromatophore Expansion (LACE) and Expression of Phototransduction Genes in the Skin of *Octopus bimaculoides*," *Journal of Experimental Biology* 218, 10 (2015): 1513–1520.

139. Vanessa Messmer et al., "Phylogeography of Colour Polymorphism in the Coral Reef Fish *Pseudochromis fuscus*, from Papua New Guinea and the Great Barrier Reef," *Coral Reefs* 24, 3 (2005): 392–402.

140. Darren Coker, Veronica Chaidez, and Michael Berumen, "Habitat Use and Spatial Variability of Hawkfishes with a Focus on Colour Polymorphism in *Paracirrhites forsteri*," *PLoS ONE* 12, 1 (2017): e0169079.

141. Osmar Luiz-Júnior, "Colour Morphs in a Queen Angelfish *Holacanthus ciliaris* (Perciformes: Pomacanthidae) Population of Saint Paul's Rocks, NE Brazil," *Tropical Fish Hobbyist* 51, 5 (2003): 82–90.

142. Hans Fricke, "Juvenile-Adult Colour Patterns and Coexistence in the Territorial Coral Reef Fish *Pomacanthus imperator*," *Marine Ecology* 1, 2 (1980): 133–141.

143. P. Parenti and J. Randall, "A Checklist of Wrasses (Labridae) and Parrotfishes (Scaridae) of the World: 2017 Update," *Journal of the Ocean Science Foundation* 30 (2018): 11–27.

144. Mark Westneat and Michael Alfaro, "Phylogenetic Relationships and Evolutionary History of the Reef Fish Family Labridae," *Molecular Phylogenetics and Evolution* 36, 2 (2005): 370–390.

145. Gerald Allen, "A Review of the Labrid Genus Paracheilinus, with the Description of a New Species from Melanesia," *Pacific Science* 28, 4 (1974): 449-455.

146. Richard G. Harrison, ed., *Hybrid Zones and the Evolutionary Process* (Oxford University Press, 1993).

147. Kevin De Queiroz, "Species Concepts and Species Delimitation," *Systematic Biology* 56, 6 (2007): 879–886.

148. Gerald Allen, Mark Erdmann, and Muhammad Dailami, "*Cirrhilabrus marinda*, a New Species of Wrasse (Pisces: Labridae) from Eastern Indonesia, Papua New Guinea, and Vanuatu," *Journal of the Ocean Science Foundation* 15 (2015): 1–13.

149. Ove Hoegh-Guldberg, "Climate Change, Coral Bleaching and the Future of the World's Coral Reefs," *Marine and Freshwater Research* 50, 8 (1999): 839–866.

150. Clive Wilkinson et al., "Ecological and Socioeconomic Impacts of 1998 Coral Mortality in the Indian Ocean: an ENSO Impact and a Warning of Future Change?" *Ambio* 28, 2 (1999): 188–196.

151. Gerald Bell et al., "Climate Assessment for 1998," *Bulletin of the American Meteorological Society* 80, 5 (1999): S1–S48.

152. Terence Hughes, "Catastrophes, Phase Shifts, and Large-Scale Degradation of a Caribbean Coral Reef," *Science* 265, 5178 (1994): 1547–1551.

153. John Pandolfi and Jeremy Jackson, "Ecological Persistence Interrupted in Caribbean Coral Reefs," *Ecology Letters* 9, 7 (2006): 818–826.

154. R. Bak, M. Carpay, and E. De Ruyter Van Steveninck, "Densities of the Sea Urchin *Diadema antillarum* before and after Mass Mortalities on the Coral Reefs on Curaçao," *Marine Ecology Progress Series* 17, 1 (1984): 105–108.

155. Clive Wilkinson and David Souter, eds, Status of *Caribbean Coral Reefs after Bleaching and Hurricanes in* 2005, Global Coral Reef Monitoring Network, Townsville, Australia (2008).

156. Andrew Baker, Peter Glynn, and Bernhard Riegl, "Climate Change and Coral Reef Bleaching: an Ecological Assessment of Long-Term Impacts, Recovery Trends and Future Outlook," *Estuarine, Coastal and Shelf Science* 80, 4 (2008): 435–471.

157. Terry Hughes et al., "Global Warming and Recurrent Mass Bleaching of Corals," *Nature* 543, 7645 (2017): 373–377.

158. Courtney Couch et al., "Mass Coral Bleaching Due to Unprecedented Marine Heatwave in Papahānaumokuākea Marine National Monument (North-

western Hawaiian Islands)," *PLoS ONE* 12, 9 (2017): e0185121.

159. Ku'ulei Rodgers et al., "Patterns of Bleaching and Mortality Following Widespread Warming Events in 2014 and 2015 at the Hanauma Bay Nature Preserve, Hawai'i," *PeerJ* 5 (2017): e3355.

160. Terry Hughes et al., "Global Warming Transforms Coral Reef Assemblages," *Nature* 556, 7702 (2018): 492–496.

161. Terry Hughes et al., "Global Warming Transforms Coral Reef Assemblages," *Nature* 556, 7702 (2018): 492–496.

162. J. Veron et al., "The Coral Reef Crisis: the Critical Importance of <350 ppm CO2," *Marine Pollution Bulletin* 58, 10 (2009): 1428–1436.

163. Ruben Van Hooidonk et al., "Local-Scale Projections of Coral Reef Futures and Implications of the Paris Agreement," *Scientific Reports* 6 (2016): 39666.

164. Christophe McGlade and Paul Ekins, "The Geographical Distribution of Fossil Fuels Unused When Limiting Global Warming to 2 C," *Nature* 517, 7533 (2015): 187–190.

165. Jan Zalasiewicz et al., "The New World of the Anthropocene," *Environmental Science and Technology* 44, 7 (2010): 2228–2231.

166. Kenneth Anthony et al., "Ocean Acidification Causes Bleaching and Productivity Loss in Coral Reef Builders," *Proceedings of the National Academy of Sciences* 105, 45 (2008): 17442–17446.

167. Ove Hoegh-Guldberg et al., "Coral Reefs under Rapid Climate Change and Ocean Acidification," *Science* 318, 5857 (2007): 1737–1742.

168. Ove Hoegh-Guldberg et al., "Coral Reefs under Rapid Climate Change and Ocean Acidification," *Science* 318, 5857 (2007): 1737–1742.

169. Thomas Crowther et al., "Predicting Global Forest Reforestation Potential," *bioRxiv* (2017): 210062.

170. Katharina Fabricius, "Effects of Terrestrial Runoff on the Ecology of Corals and Coral Reefs: Review and Synthesis," *Marine Pollution Bulletin* 50, 2 (2005): 125–146.

171. Jon Brodie et al., "Are Increased Nutrient Inputs Responsible for More Outbreaks of Crown-of-Thorns Starfish? An Appraisal of the Evidence," *Marine Pollution Bulletin* 51, 1–4 (2005): 266–278.

172. Robert Endean, "Crown-of- Thorns Starfish on the Great Barrier Reef," *Endeavour* 6, 1 (1982): 10–14.

173. Stephen Lewis et al., "Herbicides: a New Threat to the Great Barrier Reef," *Environmental Pollution* 157, 8–9 (2009): 2470–2484.

174. J. McDonald, "The Invasive Pest Species *Ciona intestinalis* (Linnaeus, 1767) Reported in a Harbour in Southern Western Australia," *Marine Pollution Bulletin* 49, 9–10 (2004): 868–870.

175. Mark Albins and Mark Hixon, "Invasive Indo-Pacific Lionfish *Pterois volitans* Reduce Recruitment of Atlantic Coral-Reef Fishes," *Marine Ecology Progress Series* 367 (2008): 233–238.

176. Nicholas Bax et al., "Marine Invasive Alien Species: a Threat to Global Biodiversity," *Marine Policy* 27, 4 (2003): 313–323.

177. Bella Galil et al., "'Double Trouble': the Expansion of the Suez Canal and Marine Bioinvasions in the Mediterranean Sea," *Biological Invasions* 17, 4 (2015): 973–976.

178. Katie Newton et al., "Current and Future Sustainability of Island Coral Reef Fisheries," *Current Biology* 17, 7 (2007): 655–658.

179. Jeremy Jackson et al., "Historical Overfishing and the Recent Collapse of Coastal Ecosystems," *Science* 293, 5530 (2001): 629–637.

180. Boris Worm et al., "Global Catches, Exploitation Rates, and Rebuilding Options for Sharks," *Marine Policy* 40 (2013): 194–204.

181. Julia Baum et al., "Collapse and Conservation of Shark Populations in the Northwest Atlantic," *Science* 299, 5605 (2003): 389–392.

182. Helen Fox et al., "Experimental Assessment of Coral Reef Rehabilitation Following Blast Fishing," *Conservation Biology* 19, 1 (2005): 98–107.

183. Helen Fox and Roy Caldwell, "Recovery from Blast Fishing on Coral Reefs: a Tale of Two Scales," *Ecological Applications* 16, 5 (2006): 1631–1635.

184. Fredrik Moberg and Carl Folke, "Ecological Goods and Services of Coral Reef Ecosystems," *Ecological Economics* 29, 2 (1999): 215–233.

185. Liam Carr and Robert Mendelsohn, "Valuing Coral Reefs: a Travel Cost Analysis of the Great Barrier Reef," *AMBIO: A Journal of the Human Environment* 32, 5 (2003): 353–357.

186. Mary O'Malley, Katie Lee-Brooks, and Hannah Medd, "The Global Economic Impact of Manta Ray Watching Tourism," *PLoS ONE* 8, 5 (2013): e65051.

187. G. Vianna et al., "Socio-Economic Value and Community Benefits from Shark-Diving Tourism in Palau: a Sustainable Use of Reef Shark Populations," *Biological Conservation* 145, 1 (2012): 267–277.

188. Camilo Mora et al., "Coral Reefs and the Global Network of Marine Protected Areas," *Science* 312 (2006): 1750–1751.

189. Scott Heron et al., "Impacts of Climate Change on World Heritage Coral Reefs: a First Global Scientific Assessment," (2017). Paris, World Heritage UNESCO Centre.

© 2019 by Dr. Richard Smith

Simplified Chinese translation copyright © 2022 by Beijing Science and Technology Publishing Co., Ltd.

著作权合同登记号　图字：01-2022-3202

图书在版编目（CIP）数据

海面下的秘密生命 /（英）理查德·史密斯著；陈骁译. —北京：北京科学技术出版社，2023.3
书名原文：The World Beneath: The Life and Times of Unknown Sea Creatures and Coral Reefs
ISBN 978-7-5714-2493-0

Ⅰ.①海… Ⅱ.①理… ②陈… Ⅲ.①海洋生物 – 普及读物 Ⅳ.① Q178.53-49

中国版本图书馆 CIP 数据核字（2022）第 139809 号

策划编辑：李　玥　王宇翔	电　话：0086-10-66135495（总编室）
责任编辑：汪　昕	0086-10-66113227（发行部）
封面设计：异一设计	网　址：www.bkydw.cn
图文制作：天露霖文化	印　刷：北京捷迅佳彩印刷有限公司
责任印制：李　茗	开　本：787 mm × 1092 mm　1/16
出 版 人：曾庆宇	字　数：273千字
出版发行：北京科学技术出版社	印　张：19.5
社　　址：北京西直门南大街16号	版　次：2023年3月第1版
邮政编码：100035	印　次：2023年3月第1次印刷
ISBN 978-7-5714-2493-0	

定　　价：256.00元